雑草はなぜそこに生えているのか

弱さからの戦略

稲垣栄洋 Inagaki Hidehiro

★——ちくまプリマー新書

291

目次＊Contents

イラスト・花福こざる

はじめに

一九七四年に出版された『ドラえもん』の第一巻には、次のようなシーンが登場する。

ママに庭の草むしりを命じられたのび太くんは、いつものようにドラえもんに助けを求める。「草むしり機出してよ」。しかし、驚くことにのび太くんのお願いにドラえもんはあっさりと、こう言い放つのである。

「そんなものはない」

何ということだろう。自由に空を飛びまわるタケコプターや、世界中のどこにでも行くことができるどこでもドアなど、ありとあらゆる二二世紀の道具を持ち合わせたドラえもんであっても、草むしりをする機械を持っていないというのである。

どういうことなのだろうか。

ドラえもんの言葉からは、二つの可能性を考えることができる。

一つは、どんなに未来であっても、自動で草むしりする道具のような都合のよいものはなく、人は草むしりから逃れられない存在であるということである。どんなに科学が発達しても、庭の雑草は生え続ける。だから、庭の草むしりをしなければならないということなのだ。もう一つの可能性は、もしかすると、未来には雑草は滅んでいて、雑草がないのではないか、ということである。

果たして来るべき未来に、人類は雑草に苦しめられ続けているのだろうか。それとも、雑草のない世界に暮らしているのだろうか。未来のことは誰にもわからない。

しかし、本書ではこの可能性について探っていきたいと思う。

本書は、中高生向けに植物学についてわかりやすく示した『植物はなぜ動かないのか？』の続編であるが、「雑草」を題材とした独立した内容となっている。一部に前著と重複する部分もあるが、本作にとって必要不可欠であることから、改めて記述した。また前著と同様に、中高生の理科の教科書を意識してはいるが、本書では、教科書に出てこない話も出てくる。

理科の教科書には、先人たちの研究の積み重ねによって明らかにされたことが書いてある。教科書はわかっていることだけが書いてあるので、教科書だけ読むと、世の中のことはすべて明らかになっているような気がしてしまう。しかし本当は、世の中にはわかっていないことがたくさんある。わからないことだらけなのだ。わからないことがわかったときの喜びが理科の醍醐味《だいごみ》であるならば、じつは、理科の教科書の外側の部分にこそ、面白さがあるのである。

もしかすると若い皆さんにとって、教科書で勉強することはつまらないことに思えるかも知れない。しかし、教科書の外側の部分は、教科書を勉強することによって初めて見えてくるものなのだ。

植物学の中でももっともミステリアスで謎に満ちた植物が、私たちのごく身近なところに存在する。それが「雑草」である。雑草というと、何でもない草が、その辺に何でもなく生えているように思えるかも知れないが、そうではない。

雑草が生えている場所を見てみてほしい。雑草が生えているのは、道ばたや畑、公園など、人間の創り出した場所である。そして、このような場所は、自然界にはない特殊な環境だ。じつは「雑草」と呼ばれる植物は、特殊な環境に適応して、特殊な進化を遂げた、特殊な植物なのである。

教科書どおり行かないのが世の常だとすれば、雑草は教科書からはみ出した植物である。さあ、雑草とはどのような植物なのだろうか。共に学んでいくことにしよう。

第一章　雑草とは何か?

「雑」とつく言葉

雑草は、「雑」な「草」と書く。

それでは、「雑」とは、どのような意味があるのだろうか。

一旦、本を閉じて、「雑」とつく言葉を思いつくだけ、挙げてみることにしよう。

さて、「雑」とつく言葉には、どのようなものがあっただろうか。

「雑多、雑然、煩雑、繁雑、乱雑、混雑、大雑把……」など、雑とつく言葉には、いい加減だというイメージの言葉もある。

あるいは、「雑誌、雑貨、雑談、雑学、雑用……」といった言葉もある。これは、取り立てて特別というわけではないけれど、他愛もないたくさんのものがあるというイメージだろうか。

「雑煮、雑炊、雑食」という言葉には、「色々なもの」という意味があるかもしれない。そういえば、「複雑」という言葉は、「雑」が複数あると書く。

あるいは、「雑収入」「雑種地」という言葉もある。これは、選択肢の中に含まれない「その他」という意味だろう。

こうして見てみると、「雑」という言葉には、「主要なものではないけれど、たくさんのもの」というニュアンスがありそうだ。つまり、「雑」という字のイメージからすると、「雑草」も、「主要ではないけれど、たくさんある草」という意味になるだろうか。

雑草というと、畑や庭の邪魔ものというような悪い草のイメージが強いが、そもそも「雑草」という言葉には、「悪い草」という意味はない。

そういえば、雑な魚と書く「雑魚《ざこ》」は小さな魚がたくさん群れていたり、雑な木と書く「雑木」はさまざまな種類の木があるイメージがあるが、悪い魚や悪い木ということではない。

「雑」の漢字の部首は「隹（ふるとり）」である。その名のとおり、これは、鳥を表している。たとえば、「隹」が「木」の上にいれば、「集まる」となる。

「雑」という漢字はもともとは「雜」と書き、「集」に「衣」を加えた漢字である。「衣」というのは、布を意味している。布を染めるときに、さまざまな草木を染色に使うと一色に染まらず、色々な色の布ができた。これが「雑」である。つまり、「たくさんの色が集まってまじる」というのが、「雑」の由来なのである。

中国の歴史あるサーカス団は「雑技団」と呼ばれるが、雑技団はけっして技が粗雑だったり、低級なわけではない。多彩な技を持っているから「雑技団」と呼ばれているのである。

根性ダイコンは雑草か？

ときどき、アスファルトの割れ目にこぼれた種から芽を出したダイコンが、「根性ダイコン」と呼ばれて、テレビや新聞で話題になることがある。

この道ばたに生えたダイコンは、雑草なのだろうか。それとも雑草ではないのだろうか。

あるいは、学校菜園で栽培していたジャガイモが残っていると、その後、花を植えて花壇にしたときに、花の中からジャガイモが生えてきてしまうことがある。この花壇のジャガイモは雑草なのだろうか。それとも雑草ではないのだろうか。

少し、考えてみよう。

皆さんはどのように考えただろうか。

根性ダイコンは、雑草なのだろうか。

道ばたに生えているのだから、そんなものは雑草だろう、という意見の人もいるだろう。

逆に、どこに生えていても、ダイコンは野菜であって、雑草とはいえない、という意見の人もいるだろう。

この問題は、かなり難しい。

そもそも、雑草とはどのように定義されるものなのだろうか。

アメリカ雑草学会という、雑草学の研究者の集まりでは、雑草は次のように定義されている。

「人類の活動と幸福・繁栄に対して、これに逆らったりこれを妨害したりするすべての植物」

何だか、科学的な定義というよりは、人類の幸福とか繁栄とか、ずいぶんと哲学的に感じられる。もう少しわかりやすい言い方では、「望まれないところに生える植物」という言い方もある。これも、わかったような、わからないようなあいまいな言い方だが、つまりは、「邪魔になる草」ということなのである。

ただし、雑草が「邪魔になる悪い草だ」というのは、西洋の考え方である。

日本の辞書には、雑草とは「自然に生えるいろいろな草。また、名も知らない雑多な草」「農耕地や庭などで、栽培目的の植物以外の草」「生命力・生活力が強いことのたとえ」などと書かれていて、必ずしも邪魔な悪い草という意味はない。それどころか、「雑草のようにたくましい」と生命力や生活力が強いことのたとえとして、良い意味にも使われているのが、面白いところだ。

とはいえ、ここではアメリカ雑草学会の定義に従って、根性ダイコンが雑草か否かを考えてみよう。

根性ダイコンが、人類の幸福を妨害するような存在かどうかはわからないが、道ばたに生えていると邪魔にはなる。そういう意味では雑草なのだろうか。しかし、抜いて持ち帰れば野菜として食べることもできる。

学校の花壇のジャガイモはどうだろう。ジャガイモが繁茂すれば、せっかく手入れをしていた草花がダメになってしまう。ジャガイモは抜いてしまおうと思った人にとっては、ジャガイモは邪魔な雑草になる。しかし、ジャガイモまで生えてきて得をした、掘って食べてしまおうと思った人にとっては、ジャガイモは雑草ではない。花壇に生えてきたジャガイモも野菜である。

たとえるなら、ゴミのようなものかも知れない。まわりの人にはゴミに見えるものでも、本人にとっては、かけがえのない宝物だということもある。そして、その大切なコレクションが、ガラクタ扱いされて家族に捨てられてしまうことが、往々にして起こる。

雑草も同じである。人の見方によって雑草だったり、雑草でなかったりしてしまう。科学的な定義にしては、ずいぶんといい加減なものである。

メロンは野菜？

雑草の定義は、ずいぶんといい加減だと思うかも知れないが、そもそも定義とは、そんなものである。たとえば、「野菜」の定義もあいまいである。

日本の農林水産省では、食用に使われる植物の中で、一年以内に枯死する一年生の草本性《そうほんせい》植物を野菜に分類している。草本性植物とは、木にならない草の植物という意味だ。これに対して木になる植物は木本性《もくほんせい》植物と呼ばれている。

リンゴやミカンなどは木に実る植物だが、メロンは木にはならない。

そのため、一年生草本性植物であるメロンは、野菜に分類されるのである。しかし、メロンは「果物の王様」と呼ばれて果物屋さんで売られているし、フルーツパフェにも入っている。実際に、食品を扱う厚生労働省では、メロンは果物として扱われている。

パイナップルは草本性の植物であるが、木になる果物と同じように複数年生存する多年生植物なので、農林水産省でも果物として扱われている。しかし、同じ多年生植物でもイチゴは、農家の人たちが一年ごとに苗を植え替えて一年生植物のように育てるので、野菜として分類されている。

このように、野菜や果物という分類もあいまいである。国によっても違うし、アメリカでは、トマトが野菜か果物か裁判が行われたくらいだ。

そもそも分類や定義というのは、人間が決めたものである。タマネギは、以前はユリ科に分類されていたが、その後、ネギ科に分類されたり、現在ではヒガンバナ科に分類されたりと定まっていない。

クジラとイルカの区別は、体長が三メートルよりも大きいか小さいかで定められている。ちょうど、三メートルの種類が見つかったら、どうするのだろう。あるいは、光合成をしながら動き回るミドリムシという微生物は、植物の特徴と動物の特徴を持っているので、植物にも動物にも分類されている。

科学の世界であっても、定義というのは、あいまいなものなのである。

雑草は邪魔になりやすい草

その植物が雑草であるかどうかは、人の見方によって変わる。

たとえばヨモギは、道ばたや畑に生えて邪魔になる雑草だが、草餅の材料になる。あるいは万能薬草と呼ばれるくらいさまざまな薬効を持ち、薬草としても重宝される。

セリという植物は、イネの生育を邪魔する田んぼの雑草である。ところが、セリは野菜としても食べられるので、セリを栽培している田んぼもある。セリを栽培している田んぼに、勝手にイネが生えてきてしまったとしたら、抜かれるのは、イネの方だろう。

このように、時と場合によって同じ植物が雑草になったり、雑草にならなくなってしまったりするのである。

ただし、学術的にはそんなあいまいな捉え方をするわけにはいかないから、一般的には邪魔になりやすい植物や邪魔になることが多い植物を雑草と呼ぶ。

根性ダイコンが新聞やテレビで話題になるくらいだから、ダイコンが道ばたに生えて邪魔になることは、珍しいことである。

滅多に邪魔になることはないから、学術的にはダイコンは雑草ではないと扱われる。また、道ばたに生えて邪魔になることが多い植物の種類というのは決まっているから、それらは雑草として扱われている。

例えば、ヨモギは草餅の材料として役には立つが、道ばたや畑に生えて邪魔になることも多いので雑草図鑑に記載されているのである。

もっとも、道ばたのダイコンがどんどん増えて、邪魔になることが多くなれば、ダイコンも雑草図鑑に載ることがあるかも知れない。実際に野菜だったり、花壇の草花だったりした

こっそり逃げ出して雑草に

植物が、逃げ出して雑草化している例もある。

そのような雑草は「エスケープ雑草」と呼ばれている。こっそり授業を抜け出すことを「エスケープする」というが、こっそり人の目を盗んで、逃げ出したのである。

雑草になるのは難しい

根性ダイコンが、次々に種を作って道ばたに広がっていったという話は聞かない。

じつは、道ばたに生えて繁殖していくということは、植物にとって、かなり高いハードルである。

土の少ない道ばたに生えることは簡単ではない。耕されたり、草取りされる畑の中に生えることも簡単ではない。

簡単に「邪魔になる草」と言うけれど、じつは、「邪魔になる草」になることは、大変なことなのだ。

雑草というと、その辺の何でもない植物が、何でもないようにどこにでも生えているように思うかも知れないが、それは違う。

じつは、どんな植物でも、簡単に雑草になれるかというとそうではない。

道ばたや畑に生えて、増えていくことは、植物にとってはかなり特殊なことであるし、邪魔になりやすい植物になるには、特殊な能力を必要とするのである。雑草になりやすい植物の性質は「雑草性（Weediness）」と呼ばれている。つまり、雑草性を有する植物だけが、雑草として振る舞うことができるのだ。「雑草になる」ということは、植物にとってなかなか大変なことなのである。

日本にはおよそ七〇〇〇種類の種子植物があると言われているけれども、雑草として扱われているのは、わずか五〇〇種程度である。しかも、よく目にするような主要な雑草は一〇〇種にも満たないだろう。世界では雑草は三〇〇〇〇種類もあると言われているが、農業で問題となる主要な雑草はわずか二五〇種である。主要な雑草になるのは、大変なことだ。

雑草は、「邪魔になりやすい」という特殊な分野では、選りすぐりのエリートでもあるのだ。

それでは、選ばれた「邪魔になりやすい植物」である雑草は、いったいどのような特殊な能力を持っているのだろう。次章からは、雑草の持つ特徴について学んでいくことにしよう。

第二章　雑草は強くない

雑草が持つ共通した特徴

一口に雑草と言っても、さまざまな種類がある。

しかし、「邪魔になりやすい植物」である雑草と呼ばれる植物には、ある共通した特徴がある。それは何だろう。

本を閉じて考えてみることにしよう。

雑草と呼ばれる植物には、さまざまな共通した特徴がある。その中でも、もっとも基本的

な特徴は、「弱い植物である」ということだ。

もしかすると、意外な感じに思えるかも知れない。

私たちの周りを見回すと、雑草は強い植物であるような感じがする。「雑草のように強く」という言葉もあるくらいだ。

その雑草が「弱い植物である」とは、どういうことなのだろう。

そもそも、雑草が弱い植物であるとすれば、植物にとって「強さ」とはいったい何なのだろうか？

雑草は弱い？

「雑草が弱い」というのは、「競争に弱い」ということである。

自然界は、激しい生存競争が行われている。弱肉強食、適者生存が、自然界の厳しい掟《おきて》なのだ。それは植物の世界も同じである。

光を奪い合って、植物は競い合って上へ上へと伸びていく。そして、枝葉を広げて、遮蔽《しゃへい》し合うのである。もし、この競争に敗れ去れば、他の植物の陰で光を受けられずに枯れてしまうことだろう。

戦いは地面の上だけではない。地面の下では、水や栄養分を奪い合って、さらに熾烈《しれつ》な戦いが繰り広げられている。植物は穏やかに生きているように見えるかも知れないが、激しく争い合っているのだ。

植物は、太陽の光と水と土さえあれば生きられると言われるが、その光と水と土を奪い合って、激しい争いが繰り広げられているのである。

雑草と呼ばれる植物は、この競争に弱いのである。

どこにでも生えるように見える雑草だが、じつは多くの植物が生える森の中には生えることができない。豊かな森の環境は、植物が生存するのには適した場所である。しかし同時に、そこは激しい競争の場でもある。そのため、競争に弱い雑草は深い森の中に生えることができないのである。

雑草は弱い植物である。競争を挑んだところで、強い植物に勝つことはできない。そこで、雑草は強い植物が力を発揮することができないような場所を選んで生えているのである。

それが、道ばたや畑のような人間がいる特殊な場所なのだ。

森の中にも雑草が生えているのを見たことがある、という意見もあるかもしれないが、それはハイキングコースやキャンプ場など、人間が管理をしている場所である。

戦わない戦略

生き抜く上で、競争に弱いということは、致命的である。雑草は、どのようにして、この弱点を克服したのだろうか。

弱い植物である雑草の基本戦略は「戦わないこと」にある。

強い植物がある場所には生えずに、強い植物が生えない場所に生えるのである。

言ってしまえば、競争社会から逃げてきた脱落者だ。

しかし、私たちの周りにはびこる雑草は、明らかに繁栄している成功者である。

雑草は勝負を逃げているわけではない。土の少ない道ばたに生えることは、雑草にとっては戦いだし、耕されたり、草取りされる畑に生えることも雑草にとっては戦いだ。確かに、強い植物との競争は避けているけれども、生きるためにちゃんと勝負に挑んでいるのである。どこかでは勝負をしなければならない。ただ、勝負の場所を心得ているのだ。

「強さ」って何だろう？

植物にとって、強さとは何だろうか。

イギリスの生態学者であるジョン・フィリップ・グライム（一九三五―）は、植物の成功要素を三つに分類した。それが、「C－S－R三角形理論」と呼ばれるものである。この理論では、植物の戦略はCタイプ、Sタイプ、Rタイプという三つに分類できるとされている。

Cタイプは競争を意味する「Competitive」の頭文字を取っている。日本語では、競合型と呼ばれている。このCタイプは他の植物との競争に強い。いわゆる強い植物である。

自然界では激しい生存競争が繰り広げられている。しかし、強い植物であるCタイプが、必ずしも成功するとは限らないところが自然界の面白いところでもある。

自然界には、他の成功戦略もあるのだ。

Sタイプは「Stress tolerance」であり、ストレス耐性型と呼ばれている。

「ストレス」という言葉は、現代社会に生きる人間だけのものではなく、植物の世界でもストレスはある。ストレスとは生育に対する不適な状況である。たとえば、植物にとっては乾燥や、日照不足、低温などが生存を脅かすストレスとなる。Sタイプは、このようなストレスに強いのである。水のない砂漠に生えるサボテンなどは、Sタイプの典型だろう。あるいは、氷雪に耐える高山植物もSタイプの特徴を持っていることだろう。

競争に強いばかりが、強さではない。じっと耐える強さも、また「強さ」なのである。

C–S–R理論：3つの要素のバランスを変えながら、生存戦略を立てる

雑草の「強さ」

三つ目のRタイプは、「Ruderal」である。Ruderalは直訳すると「荒地に生きる」という意味だが、日本語では攪乱《かくらん》依存型と呼ばれている。

攪乱とは文字通り、環境が掻《か》き乱されることである。

いつ何が起こるかわからない「攪乱」は、植物の生存に適しているとは言えない。しかし、攪乱があるところでは、強い植物が必ずしも有利ではない。強い植物が生えないということは、弱い植物である雑草にとっては、チャンスのある場所なのである。

Rタイプは、このような予測不能な環

境の変化に強い。つまり、臨機応変に変化を乗り越える強さがRタイプの特徴なのである。

CとSとRの要素は、すべての植物にとって不可欠なものである。そのため、この三つのタイプは、植物が種類ごとにどれかに当てはまるということではなく、すべての植物がこの三つの要素のバランスを変えながら、それぞれの戦略を発達させていると考えられている。

しかし、雑草と呼ばれる植物は、このRタイプの要素が特に強いとされているのである。

雑草をなくす方法

踏まれたり、耕されたり、草取りをされることは、植物の生存にとって好ましいことではない。しかし、競争に弱い雑草にとっては、それこそが生存のチャンスなのである。

抜いても抜いても生えてくる雑草を、完全になくす方法が一つだけあると言う。

それはいったい、何だろう。

雑草を完全に根絶やしにすることは難しい。

この雑草を完全になくす方法が一つだけあると言われている。意外なことに、それは、「雑草をとらないこと」だと言うのだ。

まるで禅問答である。これは一体、どういうことなのだろう。

草取りをしないとどうなるのだろう。

草取りをしなければ、雑草がどんどんはびこっていってしまうことだろう。やがては、雑草ばかりか灌木《かんぼく》など、大型の植物がどんどんと生えてきて、そこは草木が生い茂った藪《やぶ》となる。そしてそこは、ついには木が生えた森となってしまうことだろう。

「雑草」と呼ばれる植物は、一般に他の植物との競争に対して弱い。だから、雑草は豊かな森には生えることができないと先述した。

草取りをしないと、競争に強い大型の植物や木々が生い茂る。こうなると、雑草と呼ばれる植物は、生存することができなくなってしまうのだ。もちろん、雑草はなくなっても、そこは藪になったり、ついにはうっそうとした森になってしまうから、畑や庭の雑草をなくす方法としては現実的でないのは言うまでもない。

植生は変化する

ある場所に集まって生育している植物の集団を「植生《しょくせい》」と言うが、植生は放っておけば、小さな植物から、大きな植物へと変化していく。このような植物の移り変わりは遷移(Succession)と呼ばれている。

生物の教科書では、たとえば火山の噴火などで何もなくなってしまった不毛の土地は、植物が生えていない「裸地《らち》」になり、最初は、岩場に生えるような「地衣類《ちいるい》やコケ植物」が生える。そして、だんだん草本性の植物が生える「草原」となり、「低木林」となり、やがて明るい森に生える陽樹が生えた「陽樹林《ようじゅりん》」となり、陽樹とうっそうと茂った森に生える陰樹《いんじゅ》が混ざり合った「混交林」となり、最後には陰樹だけの「陰樹林」へと移り変わることが知られている。

火山の噴火後のような何もない状態からスタートする遷移を、「一次遷移」と言う。これに対して、山火事や洪水などで植物がなくなった場合は、すでに植物が生えるのに適した土はあるし、周りの植物から種子が供給されるため、一次遷移よりも、短い期間で植生が変化していく。このような遷移は「二次遷移」と呼ばれている。

火山の噴火や洪水などの天変地異と聞けば、縁遠いことのように思われるかも知れないが、二次遷移の方はごく身近に起こっている。

たとえば、建物がなくなって空き地ができると、そこは裸地となる。あるいは、山が開発されたり、海が埋め立てられて土地が造成されると、そこも裸地になる。じつは、これこそが遷移のスタートである。

そして、小さな植物である雑草は、遷移の初期段階に生える植物なのだ。

まだ遷移の初期段階の植物がない状態の場所に、他の植物に先駆けて生える植物は「パイオニア植物」と呼ばれている。つまりは開拓者である。

じつは、雑草と呼ばれる植物は遷移の初期段階に生えるパイオニア植物としての性格を持っているのである。

雑草の移り変わり

教科書では、遷移は「裸地」→「草原」→「低木林」→「陽樹林」→「混交林」→「陰樹林」というダイナミックな動きとして描かれているが、遷移は私たちの身近なところで日常的に、起こっている。

たとえば、何気なく生えている雑草だが、雑草の種類は刻々と変化していく。

空き地ができたり、土地が造成されると、最初に生えてくるのが、パイオニア植物としての性格が特に強い一年生の雑草である。

植物は、芽が出てから一年以内に枯れてしまう一年生植物と、一年では枯れずに何年も生きる多年生植物に分けられる。そして、一年生植物の雑草が一年生雑草、多年生植物の雑草が多年生雑草と呼ばれているのである。

遷移が進むと植物が置き換わって、パイオニア植物が姿を消していくように、一年生雑草に覆われていた空き地も、年数を経ていくと次第に一年生雑草が減っていく。そして、代わりに多年生雑草が生えてくるのである。何年も生きることのできる多年生雑草は、スタートダッシュは遅いかわりに、地面の下の根っこなどにじっくり力を蓄えることができるので、雑草の中では比較的、競争に強い。そのため、一年生雑草を押しのけて広がっていくのである。

さらに、一口に多年生雑草と言ってもさまざまな種類がある。最初のうちは背の低い多年生雑草が生えてくるが、やがて、だんだんと競争に強い大きな多年生雑草が生えてくるようになる。そして、草むらが生い茂っていくのである。やがて、草だけでなく小さな木も生えてきて藪になっていく。雑草の中の比較で競争に弱い雑草、競争に強い雑草はあるが、総じてしまえば雑草は競争に弱い植物である。そのため、競争に強い木々がたくさん生えてくれば、雑草はついになくなってしまう。そして、さらに長い年数が経《た》てば、そこはやがて森へと変化していくことだろう。

これが遷移である。

もちろん、藪になってては大変だから、雑草をそのまま放置しておくわけにはいかない。雑草を抜いたり、除草剤で雑草をなくしたりすることだろう。

こうして雑草がなくなった裸地では、再び遷移が始まる。何もない土地であれば、一年生雑草から遷移は始まるし、もし多年生雑草の種子や根っこが残っていれば、多年生雑草から遷移が再スタートする。

つまり、雑草を防除するということは、遷移の進行を止めたり、遷移の流れを少し元に戻したりすることでもあるのである。

遷移をリセットする

最近では、作物を作るのをやめてしまった「耕作放棄地」が増えているが、耕作放棄地でも雑草の移り変わりを見ることができる。

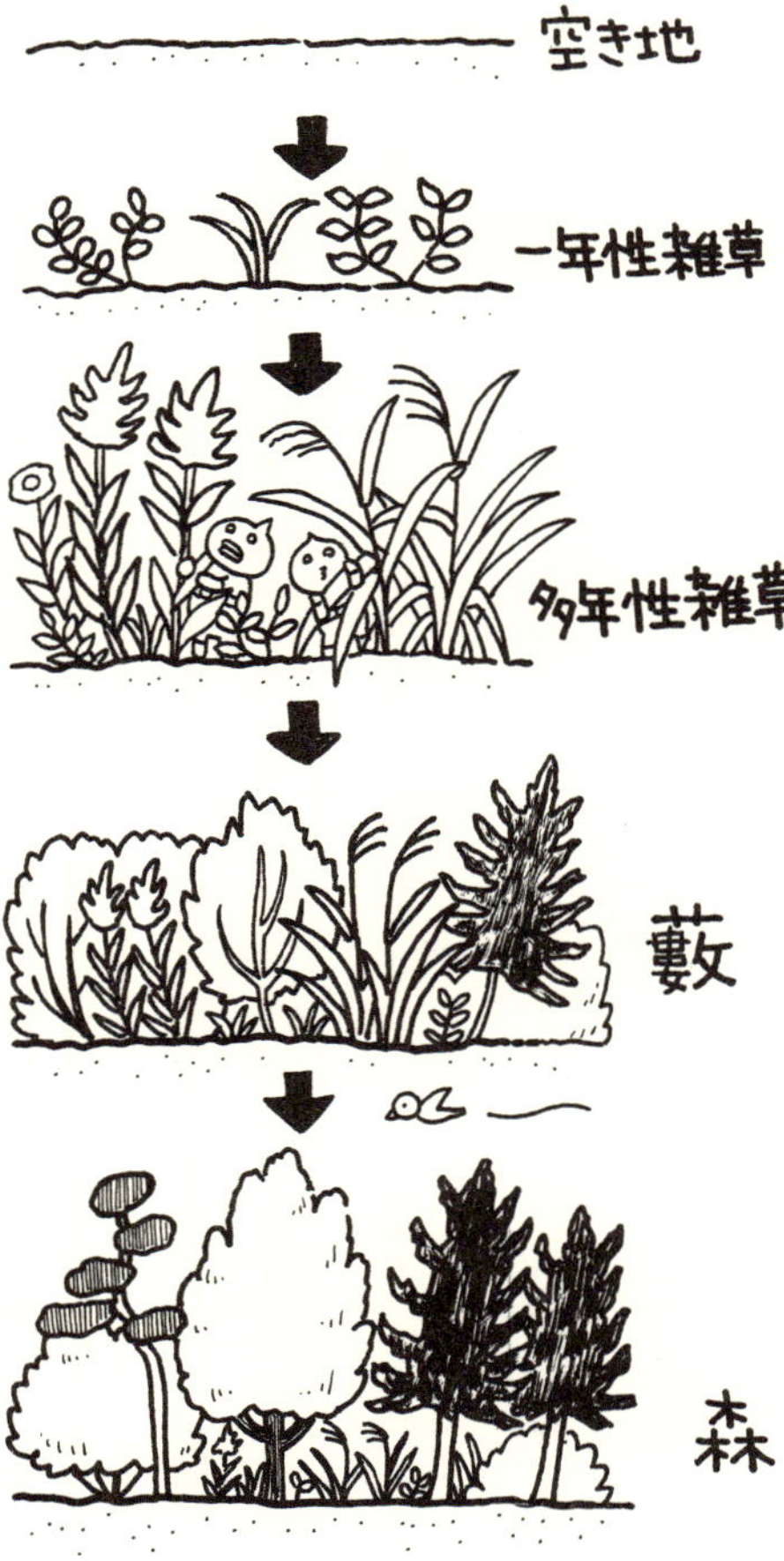

身近で起きている遷移

最初の一年目は田んぼの雑草や畑の雑草が我が物顔で生える。田畑に生える雑草は一年生のものが多い。しかし、何年か経つと多年生の雑草が増えてくるようになる。そして、田畑には生えないような大型の雑草が生えてきて、うっそうと茂っていくのである。

もちろん、作物を栽培している田畑では、こんなことは起こらない。作物を栽培する前には、土地を耕して、植物が生えていない状態を作るからである。

つまり、毎年、作物を栽培するということは、常に遷移の流れを元に戻すことでもあるのである。

田んぼや畑の雑草は遷移の初期段階という、短い期間だけに生える植物である。しかし、田畑では、毎年、遷移はリセットされ、遷移の初期段階が繰り返される。そのため、自然界では生きていくことができない雑草が、我が物顔で繁茂することができるのである。

あるいは、道路法面《のりめん》や川の土手などは、草刈りをする。草刈りをするということは雑草が生えるのを防いでいるように見えるけれども、より大きな植物が生えて、藪や森になるのを防いでいるとも言える。つまり、遷移の進行を止めているのだ。

耕したり、抜かれたりすることは、植物の生存にとって適しているとは言えない。しかし、これらの作業は遷移を元に戻したり、遷移を止める作業である。つまり、遷移の初期段階に生える雑草にとっては、耕されたり、草取りされたりすることで、生存の場が確保されているとも言えるのだ。

有史以前の雑草

このように雑草は、人のいる環境をすみかとして選んだ植物である。

しかし、不思議である。そうだとすると、人間が現れる以前は、雑草はどこに生えていたのだろう。

雑草の祖先は、一〇万年前の氷河期の終わりごろに出現したと考えられている。氷河は大地を削って土砂を動かし、氷原の氷が解ければ、縦横無尽に流れて氾濫原《はんらんげん》を作りだした。そのような「攪乱」の起こった場所に適応して誕生したのが、雑草の祖先であったと考えられている。人間がいなかった時代、偶発的に起こる天変地異によって作られた特殊な場所が雑草の祖先の生息場所だったのである。雑草はこうして、細々と暮らしていた。

ところが、およそ一万年前に雑草の生息範囲は一変した。人類が人為的に攪乱を繰り返すようになったのである。

ヨーロッパでは、新石器時代の人類の遺跡から、雑草の種子が発掘されている。人類が村を作って定住し、人間としての歴史を始めた時、そこにはすでに雑草の姿があったのである。そして、農耕が始まると村で暮らしていた雑草のいくつかは畑にも進出していった。こうして、人類が生息範囲を広げ、繁栄をしていく中で、雑草もまた生息範囲を広げていったのである。

人間は一万年の農耕の歴史の中で、さまざまな作物や野菜を改良してきた。しかし、その農耕の歴史の裏側のダークサイドでは、雑草もまた人間の農業や暮らしに適応して進化を遂げてきたのである。そう考えると、雑草とは、人間が創り出した植物とも言えるのである。

人間が滅びた後の世界

人間が滅びた後にも、ゴキブリはしぶとく生き残ると言われている。

雑草はどうだろうか。人類が滅んだ後も、雑草は残っているのだろうか。

雑草もしぶといが、それは抜いても抜いても生えてくるようなしぶとさである。抜く人がいなくなってしまえば、雑草はただの「弱い植物」に過ぎない。

雑草は、人間の創り出した特殊な環境に適応して、特殊な進化を遂げた植物である。

たとえばコナギは、水田の代表的な雑草である。なかなか防除をすることができない。コナギは水田稲作が始まったときから、もう数千年も雑草として田んぼにはびこってきた。ところが、田んぼという特殊な環境に適応しすぎて、田んぼ以外の場所では生育できないほどに進化を遂げてしまった。もし、田んぼがなくなってしまうと、コナギはもはや生存することができなくなってしまうのだ。

人間と雑草とは、一万年以上も戦い続けてきた。雑草にとっては、除草する人間は敵かも知れない。しかし、その敵の存在によって、雑草は生存の場が与えられているのだ。

おそらく、人間がいない環境で生き続けることは難しいだろう。絶滅することはないかも知れないが、氷河期の祖先がそうであったように、地球の片すみでひっそりと生き続けることしかできないはずである。

第三章　播いても芽が出ない（雑草の発芽戦略）

雑草を育てるのは難しい

皆さんは雑草を育てたことがあるだろうか。

雑草とは、勝手に生えてくるものであって、わざわざ雑草の種を播《ま》いて育てる酔狂な人は少ないだろう。

私は雑草の研究をしているので、雑草を育てる。ところが、雑草というのは、いざ育てようと思うと、なかなか簡単ではない。

まず、種子を播いても芽が出ないのだ。

野菜や花の種子であれば、土に播いて水を掛けてやれば、数日のうちには芽が出てくる。ところが、雑草の場合は土に播いて水を掛けてもなかなか芽が出てこない。そうこうしているうちに、播いてもいない雑草の方が芽を出してきてしまったりするから、難しい。


植物の発芽に必要な三つの要素は何だろうか？

教科書には、「水、酸素、温度」と書いてある。

そのため、暖かい時期に、土を耕して空気が入りやすいようにしてから種子を播き、水を掛けてやれば、水と酸素と温度の三つが揃《そろ》って芽が出てくるのである。

ところが、雑草はこの三つの要素が揃っても芽を出さない。

それは、雑草が「休眠」という性質を持つからなのである。

休んで眠る戦略

「休眠」というと休眠会社や、休眠口座など、働いていないという良くないイメージがある。何しろ、「休眠」は「休む」「眠る」と書くのだ。

たくましい雑草の戦略が、「休む」「眠る」というのは、情けないような気もするが、そうではない。「休眠」は雑草にとって、もっとも重要な戦略の一つなのである。

休眠は、すぐには芽を出さないという戦略である。

野菜や花の種子は、播けばすぐに芽が出てくる。野菜や花の種子は人間が適期《てっき》を見定めて播いてくれる。そのため、すぐに芽を出すことが得策なのである。芽を出す時期は、人間が決めているのだ。

しかし、雑草の種子は発芽のタイミングを自分で決める必要がある。雑草の種子が熟して地面に落ちたとしても、それが発芽に適しているタイミングとは限らない。たとえば、秋に落ちた種子が、そのまま芽を出してしまうと、やがてやってくる厳しい冬の寒さで枯れてしまう。また、まわりの植物がうっそうと茂っていれば、芽を出しても光が当たらずに枯れてしまう。

いつ芽を出すかという発芽の時期は、雑草にとっては死活問題なのである。

すぐには芽を出さない

もっとも、種子が落ちた時期と発芽に適した時期が異なるということは、雑草以外の野生植物にとっても重要な問題である。そのため、雑草を含む野生の植物は、種子が熟してもすぐには芽を出さない仕組みを持っている。この仕組みは「一次休眠（内生休眠《ないせいきゅうみん》）」と呼ばれている。

一次休眠は発芽に適する時期を待つための休眠である。たとえば、種皮が固くて水分や酸素を通さないようになっており、時間が経《た》つと皮がやわらかくなって酸素が通って芽を出すような「硬実種子《こうじつしゅし》」と呼ばれる種子もある。アサガオの種子に、やすりやナイフで傷をつけると芽が出やすくなるのは、アサガオが硬実種子だからである。

また、春に芽が出る種子は、「春」という季節を感じて芽を出す。

種子が熟した秋も春と気温はよく似ている。小春日和という言葉があるように冬になっても、春のように暖かな日はある。種子はどのようにして、春であることを知るのだろう。

植物の種子が春を感じる条件は、「冬の寒さ」である。冬の低温を経験した種子のみが、春の暖かさを感じて芽を出すのである。

見せかけの暖かさは、やがて訪れる冬の寒さの前触れに過ぎない。長く寒い冬の後にだけ本当の春がやってくる。だから種子は見せかけの暖かさにぬか喜びすることなく、じっと冬の寒さを待っているのである。冬の寒さ、すなわち低温を経験しないと発芽しない性質は「低温要求性」と呼ばれている。低温に耐えるのでなく、低温を必要とし要求しているのである。

「冬が来なければ本当の春は来ない」

何だか人生にも示唆的な、種子の戦略である。

二度寝する種子

このように、時間が経った種子は休眠から覚めて芽を出そうとする。

しかし、雑草の種子は春だからといって芽を出せばよいという単純なものでもない。弱く小さな雑草の芽生えにとっては、いつ芽を出すかが生死を分ける。そのため、環境を複雑に読み取って、発芽のタイミングを計るのである。芽を出そうとしても、発芽には適さないかも知れない。そんなとき、雑草の種子は再び休眠状態になる。これは「二次休眠（誘導休眠）」と呼ばれている。

人間でいえば、一度、目を覚ましたものの時計を見るとまだ早かったので二度寝してしまうような感じだろうか。その後、私たちがふとんの中で寝たり目が覚めたりを繰り返すように、雑草種子は、覚醒と二次休眠を繰り返しながら、発芽のチャンスを窺《うかが》っていくのである。

一方、覚醒して発芽できる状態になっても、発芽に必要な、水や酸素や温度がなければ種子は発芽しない。この状態を「環境休眠（強制休眠）」と言う場合がある。ただし、これは目を覚ましている状態であるため、本来の休眠ではない。

雑草の休眠の仕組みは極めて複雑であると言われている。

雑草は季節に従って規則正しく芽を出せば良いというものではない。雑草の生える環境には予測不能な変化が起こる。春になったからといって発芽のチャンスだとは限らないし、いつ劇的なチャンスが訪れるかもわからない。そのため、雑草は一般的な野生の植物よりも、より複雑な休眠の仕組みを持っているのである。

種子には個性がある

雑草を育てることの難しさは、芽が出ないことだけではない。たとえ、結果的に芽が出たとしても、芽が出るタイミングがバラバラなのだ。

休眠は、雑草にとっては重要な性質である。しかし、雑草のやっかいなところは、同じ種であっても一粒一粒の休眠に差があることである。休眠したり、覚醒したりというタイミングがまちまちで、ある種子が覚醒していても、別の種子は休眠していたりするのだ。

ちなみに、種子から根や芽が出ることを「発芽」と言い、地面の上に芽が出てくることを「出芽」と言う。発芽のタイミングがバラバラだから、地面の上に出芽してくるのも一斉ではない。次から次へとだらだらと出芽してくるのである。

野菜や花の種子は、種を播けば一斉に芽が出てくる。どれだけの種子が発芽したかは「発芽率」で表されるのに対して、どれくらいそろって発芽したかは「発芽勢《はつがぜい》」という言葉で表現される。野菜や花の種子の発芽のタイミングがそろわないと、その後の成長もそろわなくなってしまう。そのため、栽培する植物にとっては、「そろう」ということがとても大切なのである。

しかし、雑草の種子は、できるだけ「そろわない」ことを大切にしている。

もし、野菜や花の種子のように一斉に出芽してきたとしたら、どうだろう。人間に草取りをされてしまえば、それで全滅してしまう。そのため、わざとそろわないようにして、出芽のタイミングをずらし、次から次へと「不斉一発生《ふせいいっはっせい》」するようになっているのである。

バラバラであるという性質は、人間の世界では「個性」と呼ばれるものかも知れない。雑草の世界では個性がとても重要なのだ。

ひっつき虫の秘密

秋の野原を歩くと、服にたくさんの草の種子がくっついてくる。くっついた様子が虫のようなので、これらの種子は、俗に「くっつき虫」とか「ひっつき虫」と呼ばれている。

その代表格は、オナモミだろう。オナモミの実はトゲがあって、衣服に引っかかる。子どもたちは、友だちと実を投げあって遊んだりする、なじみのある雑草である。この実を見たことがあっても、この実を開いて中を見たことがある人は少ないかも知れない。

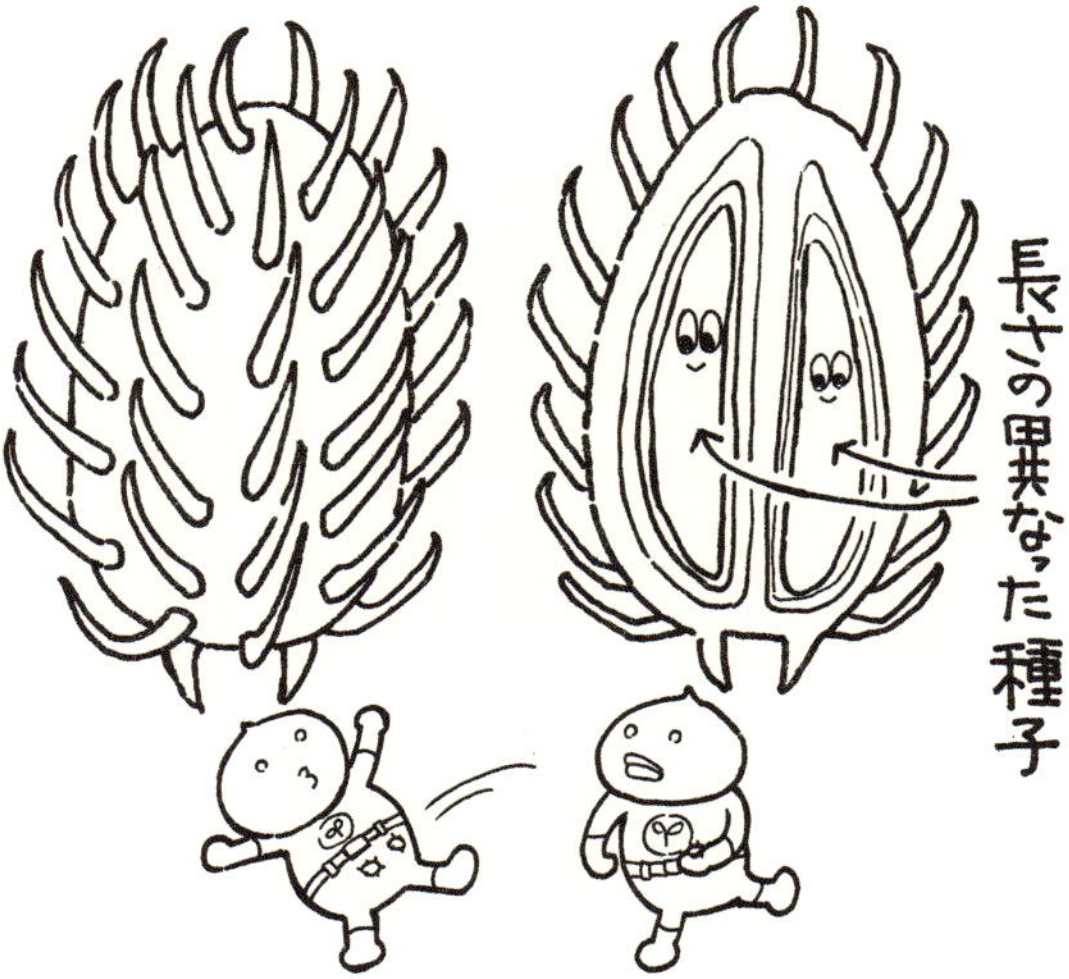

オナモミの種子の内部

この実の中には、やや長い種子とやや短い種子の二つの種子が入っている。長い方はすぐに芽を出すせっかちな種子で、短い方はなかなか芽を出さないのんびり屋の種子である。「善は急げ」というように物事は早くした方が良いという諺《ことわざ》と、「急《せ》いては事を仕損じる」と物事は急がずにゆっくりした方が良いという相反した諺がある。早く芽を出した方が良いのか、遅く芽を出した方が良いのかは、状況によって異なる。そのため、オナモミは、どちらかが生き残るように二種類の種子を用意しているのである。

　とげとげした種子が特徴的で、子どもたちから「ちくちくボンバー」か「くっつきボンボン」などとあだ名されているコセンダングサは、外側を向いた長い種子と、内側を向いた短い種子がある。こちらも外側の長い種子は芽を出しやすい性質を持っている。これに対して、内側を向いた短い種子は、なかなか芽が出ない。

こうして、異なる性質の種子を用意しているのである。

オナモミやコセンダングサは、種子の形を変えているので、わかりやすい。しかし、他の雑草も戦略は同じである。同じような種子をたくさん作っているように見えても、できるだけ性質をそろえずに、バラバラにするようにしているのである。

種子の銀行

こうして、雑草の種子の中には芽を出してくるものと、芽を出さずに土の中で休眠しているものとがある。むしろ、地上に現れる雑草は氷山の一角に過ぎない。地面の中でチャンスを窺っている種子の方が多いくらいだ。

イギリスのコムギ畑の調査では、一㎡あたり土の中に七五〇〇〇粒もの雑草の種子があったそうである。これだけの膨大な種子が土の中にあって、発芽のチャンスを窺っている。そして、抜いても抜いても、次々に土の中から芽を出してくるのである。

このように土の中にある種子は「埋土種子《まいどしゅし》」と呼ばれていて、膨大な埋土種子の集団は「シードバンク（Seed bank）」と呼ばれている。つまりは、「種子の銀行」だ。土の中には、雑草の膨大な財産が蓄えられているのである。

そして、雑草が生産した膨大な種子のうち、大部分は発芽せずにこうして土の中に貯蓄されて休眠状態でチャンスを窺っているのである。

光の刺激で芽を出す

きれいに草取りをしたつもりでも、数日もすれば、また、きれいに雑草の芽が生えてくる。じつは、草取りをすると、雑草の芽が出やすくなるのである。雑草は草取りをすると何に反応して生えてくるのだろう。

すでに紹介したように、発芽の三つの要素は「水」、「酸素」、「温度」である。

ただ、テストの答案では、「水」、「酸素」、「光」と温度の代わりに光と書いてしまう間違いが多い。これは、植物の成長に必要なものが「光」、「水」、「温度」の三つであることと混同してしまうのだろう。しかし、種子は土の中にあるので「光」は必要としないのだ。

それでは、本当に植物の種子の発芽に光はいらないかというと、そうでもない。

じつは、雑草の中には、発芽に光を必要とする「光要求性」という性質を持つ種子が少なくないのだ。光が必要と言っても、光合成のように光を利用するわけではない。光を合図にして、発芽を開始するのである。

水や酸素や温度が整ったからといって芽を出したとしても、まわりに草が生い茂っていたとしたらどうだろう。光や水を奪われて、せっかく出た小さな芽生えはとても生長することができない。競争に弱い雑草の芽生えが、生存するためには、まわりに成長の邪魔をするライバルがいないことが条件となる。光が当たるということは、まわりに光を遮断する大きな植物がないことを意味している。そのため、雑草種子の多くは、光を感じることによって芽を出すのである。

レタス種子に見られる光発芽性

植物の種子発芽と光の関係は、高校の生物学の教科書ではレタスのフィトクロムの例が紹介されている。

レタスは光発芽種子である。レタスは雑草ではなく、野菜だと思うかも知れないが、野菜として改良されても野生植物であった祖先種の特徴を残している野菜は多い。レタス種子の光発芽性もその例である。何しろレタスは種子が小さい。小さな種子からは、小さな芽生えしか出てこないから、競争力は強いとは言えない。ライバルとなる他の植物がいないタイミングで発芽する光発芽性は、野生植物であったレタスの祖先種にとっては、とても重要な性質だったことだろう。

また、光であれば何でも良いわけではなく、光の波長によって影響が異なってくる。赤色光を照射すると発芽が促進されるが、遠赤色光を照射すると発芽が抑制される。そして、これにはフィトクロムという色素タンパク質が影響しているとされている。赤色光を当てると、フィトクロムは活性型のPfr型に変化する。Pfr型は、遠赤色光（FR）を吸収するので、そう名付けられている。ところが、Pfr型は遠赤色光を吸収すると、今度は赤色光（R）を吸収する不活性型のPr型に変化するのである。

光発芽性を有する雑草の仕組みも、同じ仕組みであり、遠赤色光が当たると、発芽は抑制される。どうして、光の有無だけでなく、光の波長まで影響してくるのだろう。

「どうして？」という問いかけには、「Ｈｏｗ？（どのようなメカニズムで？）」という意味と、「Ｗｈｙ？（何のために？）」という意味とがある。Ｈｏｗ？　に対する答えは、フィトクロムで説明される。

それでは、何のために、遠赤色光で発芽が抑制されてしまうのだろうか。

赤がGOサイン

植物の葉は光合成のために主に青色と赤色の波長の光を吸収している。

そもそも光は、青色から赤色のグラデーションで表されるのだが、青色と赤色の中間の緑色の波長は、吸収しないので、反射される。植物の葉が緑色をしているのは、緑色が不必要な光だからである。

このように光合成では赤色の光を吸収する。しかし、その波長の範囲の外にある遠赤色光は吸収されないので、遠赤色光は葉を透過してしまう。つまり、地面に光が届いたとしても、赤色光がなく、遠赤色光のみが地面に降り注いでいるということは、その上に生い茂る葉があるということを意味している。だから光発芽性の種子は、光が射しこんだだけでは発芽せずに、上部に生い茂る葉がないことを示す赤色光を確認してから発芽するのである。

もっとも、太陽の光には、赤色光と遠赤色光が両方含まれているが、実際には赤色光の有無が重要となる。

教科書では、赤色光を照射した後に、遠赤色光を照射しても発芽が抑制されることが示さ

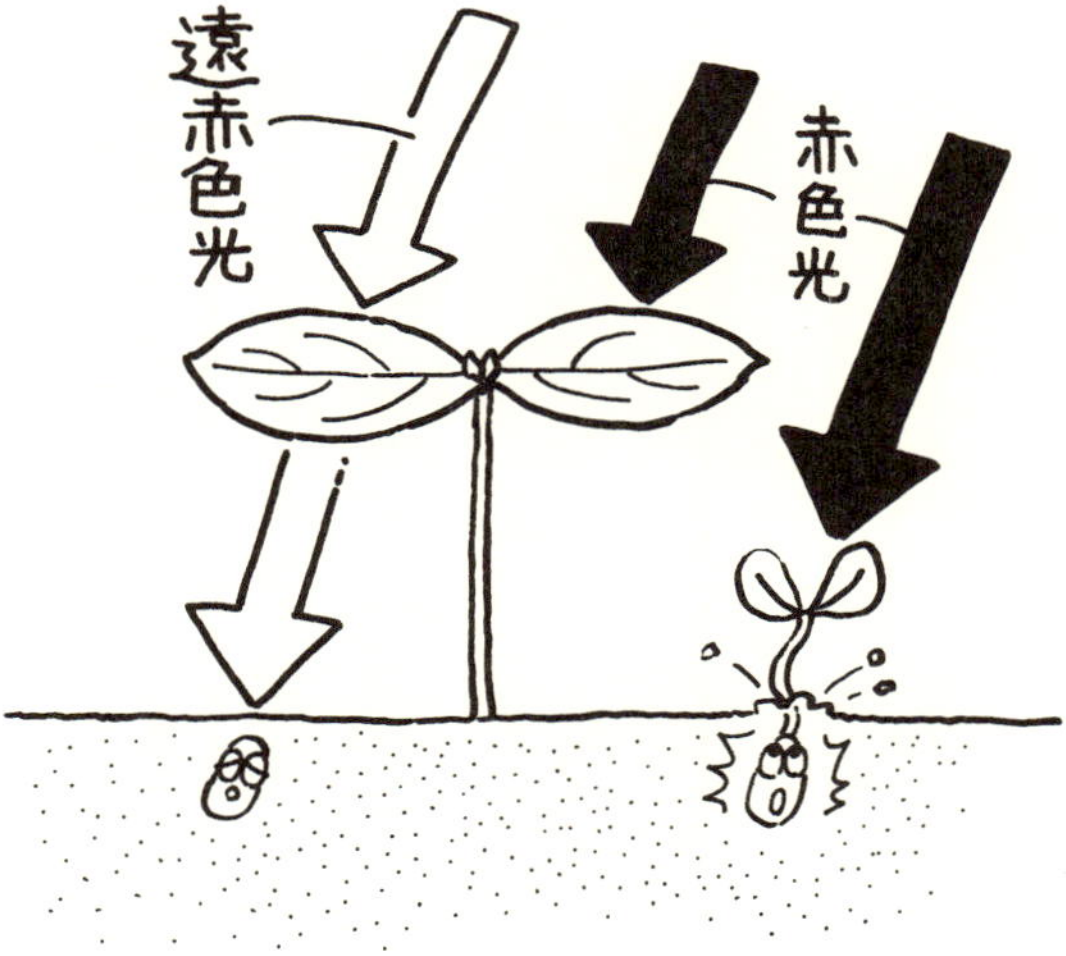

光の波長と出芽のメカニズム

れ、赤色光と遠赤色光を交互に照射すると、最後に照射した光の波長で発芽の有無が決まるというH・A・ボースウィックらの実験が紹介されている。

光発芽種子の立場に立ってみれば、それはそうだろう。発芽しようと思っても、その後に遠赤色光が当たったということは、自分より先に葉を広げている植物があるということである。そんな状況で出芽しても、生存できる見込みはないから、発芽は中止する。しかし、再び、赤色光が当たったということは、その植物が再びなくなったということだから、出芽のチャンスとなるのである。車が来ないので道路を横断しようと思ったら、車が来たので止めた。しばらくすると、また車が来なくなったので、横断しようとした。そんな人間の気持ちと、まったく同じである。

人間の信号機では、赤色は止まれの合図であるが、光発芽性の種子にとっては「赤色」こそがGOサインなのだ。

第四章　雑草は変化する（雑草の変異）

多様性という戦略

植物の種子は休眠性が不均一だった。

この多様性は生物が持つ「遺伝的な多様性」である。

たとえば、私たち人間の顔が一人一人違うのも遺伝的な多様性だ。あなたがどんなに美貌の持ち主だったとしても、この世の人々みんながあなたと同じ顔だったとしたら、相当、気持ち悪い社会になってしまうだろう。

しかも、みんなが同じ能力で同じ性格だったとしたらどうだろう。政治家も学校の先生もケーキ屋さんも、大工さんも、スポーツ選手も、みんなあなたの分身のような人たちがやるのだ。そんな社会は成り立つだろうか。

生物にとって遺伝的な多様性はとても大切である。人間社会では、これを「個性」と呼ぶのだろう。

もし、環境が安定していて未来永劫《みらいえいごう》変わることがないとしたら、遺伝的に性質がバラバラである必要はない。その環境に優れたエリートだけが残れば良いのである。

しかし、環境はさまざまだから、どんな性質が優れているかは、環境によって変わる。あるいは、時代が変われば求められる性質も大きく変化するかも知れない。

そのため、生物は多様性を保ち、できるだけ個性ある集団を作ろうとするのだ。

農作物は均一になる

ただし、遺伝的に多様性のない特異な植物がある。

それが、人間が育てる農作物である。農作物は人間が準備した環境で栽培される。発芽時期も成長スピードもそろっている方が都合が良いし、味が良かったり、病気に強かったりと人間が求める性質も決まっている。

そのため、その基準で選ばれたエリートが、均一になるように育てられているのである。

もし、野生植物のように農作物が大きな多様性を持っていたとしたら大変である。

たとえば、コシヒカリの種子を播《ま》いたはずなのに、味がバラバラだったら大変だ。稲穂が熟す時期も早いものや遅いものがあってバラバラだったとしたら、一斉に稲刈りをすることさえできない。

実際に昔はバラバラだったから、熟したものを選んで穂を摘み取っていた。弥生時代の石器で稲穂を摘み取る石包丁というものがある。これは、一斉に稲刈りができなかったから、穂を選んで摘んでいたのである。

生物には本来、多様性があり、バラバラになりたがる性質がある。それを均一に保つというのは、簡単ではない。

どのコメ袋を買っても、コシヒカリはどれも美味しい。スーパーマーケットに行けば、同じ大きさの野菜が並んでいる。当たり前のように思えるかも知れないが、これは、本当はすごいことなのだ。

そしてアメリカ大陸が生まれた

植物にとって、バラバラであることは、そんなに大切なことなのだろうか。

多様性がないということは、じつは恐ろしいことでもある。

多様性の重要性を教えてくれるのが、「アイルランドの大飢饉《だいききん》」という有名な話である。

ジャガイモは、南米アンデス原産の野菜だが、コロンブスの新大陸発見以降にヨーロッパにもたらされて各地で栽培されるようになった。何しろジャガイモは、ムギが育たないような冷涼な気候ややせた土地でも育つので、ジャガイモが伝来してから、ヨーロッパの人々は飢えから救われるようになったというほど、重要な食糧になったのである。

ところが、である。

一八四〇年代にアイルランドでは突如としてジャガイモの疫病が大流行し、記録的な飢饉となってしまった。一〇〇万人にも及ぶ人々が餓死し、二〇〇万人もの人々が故郷を捨てて国外へ脱出しなければならなかったのである。この時、多くのアイルランド人が新天地のアメリカを目指した。そして、このとき移住したアイルランド人がアメリカ合衆国の基礎を作ったとされているのである。今でも全米で約四〇〇〇万人もの人々がアイルランド系の祖先を持つと言われている。

この、世界の歴史を変えた飢饉の原因は、ジャガイモの栽培にあった。

ジャガイモはイモを植えて増やすことができる。そのため、アイルランドではたった一つの品種を国中で栽培していたのである。一つの品種しかないということは、その品種がある病気に弱ければ国中のジャガイモがその病気に弱いということになってしまう。そのため、みるみるうちに国中のジャガイモが壊滅してしまう結果となったのである。

原産地のアンデスでは、多くの品種が栽培されている。そうしておけば、ある品種が病気にかかっても、別の品種は同じ病気に強いかも知れない。多様性があれば、全滅することはないのである。

人間が世話をしてくれる野菜でさえ、こうである。雑草のような誰も世話をしてくれない野生の植物が全滅せずに長い時間、世代をつないでいくためには、優れた形質を選び抜いて揃《そろ》えていくことよりも、個性ある「多様性」を維持することが、大切なのである。

雑草はバラバラ

雑草は、変異が大きいことで特徴づけられる。

「変異」とは、同じ生物種の中で、形質が異なることを言う。たとえば、人間の中にも背の高い人や背の低い人がいる。これは変異である。

さて、背が高くなる形質をもつ理由は二つ考えられる。

一つは遺伝である。両親も兄弟も背が高い。もともと背が高くなる遺伝的な形質というものはある。

もう一つは環境である。たとえば、遺伝的に同じ双子の兄弟が、別々の環境で暮らすうちに、十分に運動したり、栄養や睡眠をたっぷり取っていた方が背が高くなったということがあるかも知れない。これは、遺伝ではなく、環境の影響である。このように、形質を決めるものには、先天的な「遺伝」と後天的な「環境」がある。

雑草の変異にも、遺伝と環境とが影響している。

変異のうち、遺伝の影響によるものは「遺伝的変異」と呼ばれている。これに対して、環境によって変化することを「表現的可塑性」と呼んでいる。

雑草は、この「遺伝的変異」と「表現的可塑性」のどちらも大きいとされている。

もともと、生まれもった形質もバラバラであるし、環境に応じて変化する力も大きいのである。

同じ種類の雑草なのに、大きく伸びる集団と、小さな集団があったとする。この大小の違いは、先天的に持つ「遺伝的変異」によるものなのだろうか、それとも環境によって変化した「表現的可塑性」なのだろうか。

これは「同所栽培」という方法で明らかとなる。環境の異なるところで育っている集団から種子を採取してきて、同じ環境で育てる。もし、個体の違いが環境によるものであれば、同じ環境で育てれば差はなくなる。しかし、それが遺伝的に異なるものであれば、同じ環境で育てても差が見られるのである。

地域によって分かれる

種内変異には、同じグループの中の「集団内の多様性」と、グループとグループで異なる「集団間の多様性」とがある。

たとえば、同じ学校の中に色々な生徒がいるのが「集団内の多様性」で、うちの学校と、あそこの学校は、校風が違うという感じが「集団間の多様性」に近いだろうか。

集団間の多様性で、もっとも明確に出るのが、地域による変異だろう。人間の世界でも、自分の県の常識が、他県ではまったく通用しなかったり、地域によって言葉や県民性がまるで違うときがある。

雑草は変化しやすいというのが特徴だから、このような変異はよく起こる。

たとえば、シロツメクサは、青酸という毒物質を作るタイプと、作らないタイプの二種類があり、ヨーロッパの北の方では作らないタイプが分布しているが、南の方へ行くと作るタイプが分布するようになる。南の方ではシロツメクサを食べるカタツムリがいるので、それから身を守るために毒物質を生産する。しかし、寒い北の方には害虫のカタツムリがいないので、毒を作らないタイプがあるのである。

また、寒い地域に行けば行くほど、冬の風雪に耐えるために草丈が低くなったり、蒸散を防ぐために葉が小さくなるものがある。あるいは、寒い地域に行けば行くほど、花が咲いたり、穂が出るまでの期間が短くなるものもある。寒い地域では夏が短いので、早く花を咲かせる方が有利なのである。この「寒い地域に行けば行くほど」というように、気候の移り変わりや、地域の移動に伴って、連続的に変異していくことは「地理的変異」と呼ばれている。

集団間の変異はどのようにして起こるか?

このような変異はどのようにして起こるのだろうか。

もともとは同じ種の集団なのに、北に分布を広げていくグループと、南に分布を広げていくグループとがあったとしよう。北へ行けば行くほど、寒さに耐えられなくなった個体は死んでしまい、寒い気候に適応した個体だけが生き残っていく。逆に南に行けば行くほど、暑さに耐えられなくなった個体は死んでしまい、暑い気候に適応した個体だけが生き残っていく。さらに、北の集団の中でも、もっと寒さに強い個体や、比較的寒さに弱い個体が現れる。厳しい寒さの場所に行けば、より寒さに強い個体だけが生き残っていくことだろう。そして、同じことは南の集団でも起こる。

その結果、北に存在するグループと、南に分布したグループとでは、もともとは同じ集団だったにもかかわらず、まったく別の形質になってしまうのである。

このようなことは形質のそろった多様性のない集団よりも、さまざまな形質を持った個性派の集団の方が起こりやすい。雑草は、集団内の多様性が大きいことで特徴づけられるため、集団間の多様性も起こりやすいのである。

ガラパゴス携帯の由来

この種内変異の話は、教科書に出てきた何かに似ていると思ったら、そう、進化の話である。

「ガラパゴス」という言葉を聞いたことがあるだろうか。

スマホが普及する前の携帯電話は、今「ガラケー」と呼ばれている。これは、ガラパゴス携帯の略である。

ガラパゴスは、博物学者のダーウィンが、進化論のアイデアのヒントを得た、ガラパゴス諸島に由来している。

ガラパゴスの島々を巡った博物学者のダーウィンは、フィンチという鳥のくちばしの形が、種子を食べる種類やサボテンを食べる種類、昆虫を食べる種類など、それぞれの島の環境に適した形になっていることに気がつく。そして、ダーウィンは、フィンチは元は同じ種類だったものが、それぞれの島の環境に適応して変化したのだと考えて、「進化論」にたどりつくのである。

同じように、日本という島国の携帯電話は、世界の携帯とはまったく異なる形に進化した。それが、ガラパゴス諸島の生物になぞらえて、ガラパゴス携帯と呼ばれたのである。

同じ種の中に、さまざまな個体がある。これは種内変異である。しかし、種内変異の集団間の違いがさらに大きくなると、集団と集団とが出会っても子孫を残すことができなくなることがある。生物の分類の基本単位である「種」は、生殖して子孫を残せる集団で括《くく》られる。そのため、分かれてしまった集団がお互いに変化をしてしまった結果、交雑して種を残すことができなくなると、それは別の種になったと言われる。これが「種分化」である。

島々が海で隔てられたように、生物の集団が隔てられる隔離が、種分化の始まりである。たとえば、63ページでは、北に分布を広げた集団と南へ分布を広げた集団では、性質が変わってしまうかも知れないという話を紹介した。もし、元の集団がなくなって、北の集団と南の集団だけが残ったとしたら、どうだろう。分布は不連続となり、気候に応じて変化していた連続性はなくなってしまう。北の集団と南の集団がそれぞれ進化を遂げていけば、やがては両方の集団は、生殖ができなくなるくらいに異なってしまうかも知れない。

変化はときに偶然で起こる

一つの集団が二つに分かれる場合、同じくらいの大きさの二つの集団に分かれる場合と、大きな集団から小さな集団が分かれていく場合とでは、どちらが種の分化は進むだろうか。

一つの集団が大きく二つに分かれていくことを「アレー隔離」と呼ぶ。別にアレーさんが発見したからではない。これは鉄アレーの「アレー」である。鉄アレーが右と左にバランスよく重りがついているように、二つに分かれるのである。

一方、大きい集団から、少ない数の集団が分かれることがある。これは、アレー隔離とは異なるだろうか。

人間の血液型は、A、B、Oの組み合わせで作られる。この組み合わせのうち、AA、AOがA型、BB、BOがB型、ABがAB型、OOがO型となる。

このA、B、Oの比率は、世代を経ても大きくは変化しない。このように世代が変わっても遺伝子頻度が変化しないことは、「ハーディ＝ワインベルグの法則」と呼ばれている。

しかし、もし、皆さんのクラスメイトたった十人だけが、他の人類と離れてしまったとしたら、どうだろう。もしかしたら、B型の人が多いかも知れない。つまり、BかOの遺伝子を持つ人たちだ。もし、そのクラスメイト十人の中でカップルが生まれ、子どもを作っていったとしたら、もしかすると、B型の子どもが増えていくかも知れない。つまり、次の世代で血液型の比率が変化してしまうのである。そのため、ハーディ＝ワインベルグの法則は集団が十分に大きいときに成立するという条件がつけられているのだ。

このとき、別にB型が優れていたから、選ばれたわけではない。たまたま選ばれた人たちにBやOの遺伝子を持つ人が多かったというだけだ。次の十人を選べば、もしかするとA型が多い集団になるかもしれない。

このように少ない集団が分かれるときには、偶然性に左右される。これが「遺伝的浮動」と呼ばれるものである。

もし、アダムとイブのように一組のカップルが無人島に渡り、子孫を増やしていったとしたら、そして、もし、最初のカップルがO型同士だったとしたら、その島の住人達はみんなO型になる。このような現象は「創始者効果」と呼ばれている。

あるいは、小さい集団から分かれたのではなくて、小さな集団だけが生き残って、その後、子孫を増やしていった場合にも、最初の集団と、生き残りの子孫が増えた後の集団とは、遺伝的な比率は変化することになる。これは、「ボトルネック効果」と呼ばれている。ボトルは首《ネック》のところが細くなっているが、この形のように一度、集団が小さくなることで起こることに由来している。

人間社会に適応して変化する

気候や自然環境に適応した変化は、雑草でない野生の植物でも起こる。このように生育する環境に適応した集団は、「エコタイプ」と呼ばれている。

しかし、雑草は、人間社会という特殊な環境に適応した植物である。人間の暮らしや振る舞いに適応したエコタイプが出現するのが、雑草の面白いところだ。

たとえば、スズメノテッポウという雑草は、畑《はたち》地型と呼ばれる畑に生える集団と、水田型と呼ばれる田んぼに生える集団とで性質が異なる。

一つには種子の大きさが異なる。それでは、畑に生える畑地型のスズメノテッポウと、田んぼに生える水田型のスズメノテッポウは、どちらの種子が大きいのだろうか。

種子が小さいということは、芽生えが小さくなり競争力が弱くなる。しかし、小さい分だけ、たくさんの種子を作ることができる。一方、大きな種子は競争力が強い。しかし、種子の数は少なくなってしまう。

「たくさんの小さい種子」か、「少しの大きい種子」か、畑と田んぼとでは、どちらが有利になるのだろう。少し考えてみよう。

ヒントは、田んぼよりも畑の方が、予測不能な変化が起こりやすい不確かな環境ということである。

正解は、畑地型が「たくさんの小さい種子」を選択し、水田型が「少しの大きい種子」を選択している。
田んぼは、毎年、いつ頃耕すかという作業が決まっているが、畑は、さまざまな作物を作るので、いつ耕されるかは決まっていない。そのような不安定な環境で子孫を残すために、

畑地型のスズメノテッポウは、少しでもたくさんの種子を残そうとしているのである。

ゴルフ場に適応する

スズメノテッポウに似た名前の雑草に、スズメノカタビラがある。

スズメノテッポウは漢字では「雀《すずめ》の鉄砲」と書き、穂の形が鉄砲に似ていることに由来している。一方、スズメノカタビラは「雀の帷子《かたびら》」で、帷子というのは、単衣《ひとえ》の着物のことである。小穂と呼ばれる穂の部分が、単衣の着物の襟《えり》の合わせに似ていることからそう名づけられた。

スズメノカタビラは、道端や畑、田んぼ、公園など、ありとあらゆる場所に見られるごくありふれた雑草である。スズメノカタビラは北アメリカ原産の帰化植物で、世界中で見ることができる。世界を股に掛けて活躍している人はコスモポリタン（国際人）と呼ばれているが、雑草でも世界中あらゆる場所に見られる種類は「コスモポリタン」と呼ばれている。スズメノカタビラは代表的なコスモポリタンの一つである。

このスズメノカタビラは、日本ではゴルフ場の主要な雑草としても知られている。ゴルフ場にはティ、フェアウェイ、ラフ、グリーンなどの場所があり、それぞれ異なった高さで芝刈りが行われている。

ところが、驚くことに、スズメノカタビラは、生えている場所の芝刈りの高さで刈られないように、芝刈りの高さよりも低い位置で穂をつけているのである。

比較的、高い位置で芝刈りが行われているのがラフである。ラフのスズメノカタビラは、その芝刈りの高さで刈り取られない高さに穂をつけている。フェアウェイはそれよりも低い位置で芝を刈る。そのため、スズメノカタビラもそれよりも低い位置で穂をつけているのである。

そして、ゴルフ場でもっとも低い位置で芝刈りが行われるのが、グリーンである。グリーンでは芝刈りが頻繁に行われ、地面ギリギリの高さで極端に低く刈りそろえられている。そのため、スズメノカタビラも地面ギリギリの高さで穂をつけているのである。

可塑性か、変異か

この、場所によるスズメノカタビラの違いは、環境に応じて見た目を変化させた「表現的可塑性」なのだろうか。それとも、「遺伝的変異」を起こしているのだろうか。

これを確かめるには、すでに紹介した同所栽培をすればわかる。種子を採ってきて同じ環境で栽培をしてやるのだ。環境をそろえれば変化がなくなるのであれば、それは表現的可塑性によるものであるし、環境が同じでも違いがあるのであれば、それは遺伝的変異ということになる。

スズメノカタビラはどうだろう。

それぞれの場所から、種子を採ってきて育てると、同じ条件で育てたにもかかわらず、元々生えていた場所の芝刈りの高さに適応して、穂をつけたという。そして、グリーンから採取してきた種子から芽を出した個体は、一度も草刈りが行われていないにもかかわらず、地面ギリギリの高さで穂を出すのである。これはグリーン上の背の低いスズメノカタビラが、遺伝的に変異を起こしていることを示している。

雑草は遺伝的に多様な集団である。一定の割合で、常に遺伝的な変異も起こっている。ゴルフ場で行われる芝刈りよりも、高い位置に穂をつける個体は、子孫を残すことができない。そして、芝刈りの高さよりも低い位置に穂をつける個体が、子孫を残していく。こうして、それぞれの場所で、芝刈りの高さに応じて穂をつける集団が形成されるのである。

種内変異か種分化か

スズメノカタビラの適応

適応したものが生き残り、適応できないものは滅んでいくと進化論では説く。

かつて、進化学者のダーウィンは、「最も強い者が生き残るのではなく、最も賢い者が生き延びるのでもない。唯一生き残るのは、変化できる者である」と言った。

進化は、「遺伝的変異」と、環境に適応したものだけが生き残る「淘汰《とうた》」とによって起こる。

進化は、気の遠くなるような歳月での気候の変化や、天変地異のような地殻の変動など、大いなる地球の歴史の中で起こってきた。

しかし、雑草が生息する環境の変化は、自然界に起こる変化に比べて、短期間に急激に起こる。たとえば、気まぐれな人間が草取りをすれば、そのときに種子が熟していた個体は、種子を残すことができる。まだ、芽が出ていない個体も土の中で生き残る。しかし、生育段階にあった個体は、すべて抜かれて全滅してしまうのである。もし、この草取りが決まった時期に行われていくとすれば、この時期に生育途中の個体は淘汰され、やがて、草取りの時期より前に種子を落とす個体か、草取りの時期に芽を出していない個体が選抜されていくことだろう。このような短期間に繰り返される大きな淘汰圧に伴って、雑草の変化は、短期間で起こるのである。

現在、私たちが目にする生物は、常に進化の結果でしかない。さまざまな種分化は、すべては長い進化の歴史の中で起こったことである。進化をこの目で観察した人はいない。しかし、雑草を観察していると、種分化の瞬間を目撃するような気持ちになるのである。

変化する力

雑草が多様である要因は、遺伝的な変異が大きいことだけではない。もう一つの要因である「表現的可塑性」についても、少し触れてみよう。

植物図鑑を見ると草丈が記載されている。しかし、厄介なことに雑草というのは、図鑑の姿とまるで違うことが、ときどきある。

図鑑には、数十センチと書いてある雑草が、背の高いトウモロコシ畑の中で競り合って背を伸ばして数メートルにもなっていたり、道ばたで踏まれながら数センチで花を咲かせていて、驚かされることが少なくないのだ。

花の時期も、図鑑には「春」と書いてあるのに、平気で秋に咲いていたりする。まったく雑草というのは、とらえどころのない植物である。

この表現的可塑性が大きいことが、さまざまな環境に適応するために重要な性質なのだ。

身体の大きさについて言えば、植物は動物よりも可塑性が大きい。

人間では、成人どうしであれば、大きい人と小さい人で二倍の差があるということはない。しかし、植物は見上げるような大木も、小さな盆栽も同じ樹齢ということがある。この植物の中でも、雑草は可塑性が大きいと言われている。

雑草のサイズの変化と言えば、誰もが、道ばたの劣悪な条件で小さな花を咲かせている雑草の姿を思い浮かべることだろう。

アメリカの雑草学者のハーバード・G・ベーカー（一九二〇—二〇〇一）は論文「雑草の進化（The evolution of weeds）」の中で「理想的な雑草の条件」として一二の項目を挙げているが、その中には以下のようなものがある。

「不良環境下でも幾らかの種子を生産することができる」

どんなに劣悪な環境でも花を咲かせて、種子を結ぶ。これはまさに、雑草の真骨頂と言っていいだろう。しかし、雑草のすごいところは、これだけではない。

良いときも悪いときも

「不良環境下でも種子を残す」という一方で、ベーカーの理想的な雑草の中には、次のような項目もある。

「好適環境下においては種子を多産する」

つまり、条件が悪くても種子をつけるが、条件が良い場合には、たくさん種子を生産するというのである。当たり前のように思えるかも知れないが、そうではない。

たとえば、私たちが栽培する野菜や花壇の花では、肥料が少ないと生きていくのがやっとで花が咲かずに枯れてしまうことがある。逆に、肥料をやりすぎるとどうだろう。茎や葉ばかりが茂って、肝心の花が咲かなかったり、実が少なくなってしまったりすることもある。まるで、植物にとってもっとも大切な、種子を残すということを忘れてしまうかのようだ。

しかし、雑草は違う。条件が悪い場合にも、最大限のパフォーマンスで種子を生産するが、条件が良い場合にもまた、最大限のパフォーマンスで種子を生産するというのである。

自分の持っている資源を、どの程度、種子生産に分配するかという指標を「繁殖分配率」というが、雑草は、個体サイズにかかわらず繁殖分配率が最適になるとされている。

条件が悪いときは悪いなりに、条件が良いときには良いなりにベストを尽くして最大限の種子を残す。これこそが、雑草の強さなのである。

変化するために必要なこと

雑草は可塑性が大きい。

これは「変えられないものは変えられない。変えられるものを変える」ということなのだろう。

変えられないものというのは、環境である。環境は変えられない。そうだとすれば、変えられるものを変えるしかない。変えられるものというのは、雑草自身である。

それが雑草の可塑性である。

そして、雑草が自在に変化できる理由は、「変化しないことにある」と私は思う。

どういうことだろうか。

植物にとってもっとも重要なことは何だろう。それは、花を咲かせて種子を残すことである。雑草は、ここがぶれない。どんな環境であっても、花を咲かせて、種子を結ぶのである。種子を生産するという目的は明確だから、目的までの道すじは自由に選ぶことができる。だからこそ雑草は、サイズを変化させたり、ライフサイクルを変化させたり、伸び方も自由に変化させることができるのである。

これは人生にも示唆的である。生きていく上で「変えてよいもの」と「変えてはいけないもの」がある。変えてよいものに固執して、無駄なエネルギーを使うよりも、変えてはいけない大切なものを守って行けば良いのだ。

中江丑吉《うしきち》（一八八九―一九四二）という思想家は「人間はそれぞれ守るべき原則をひとつかふたつ持てばそれでいい。他のことはさっさと妥協してしまえ」と言っていたという。「妥協してしまえ」というのは、乱暴にも聞こえるが、裏を返せば守るべき原則だけをしっかり守れということでもある。

あるいは禅の言葉に、「随処《ずいしょ》に主《しゅ》と作《な》れば、立処皆真《りつしょみなしん》なり」という言葉がある。自分の置かれたどこであっても、自らの真実の姿に巡り合える、という意味である。大きくても、小さくても、どちらもそれが雑草の姿である。そして、どんな場所であっても、必ず種子を残すのである。変えられない環境に文句を言っても仕方がないのだ。

雑草の分類

先にも紹介したが、植物には生活史による分類がある。

一年生植物（一年草）というのは、一年以内に種子を残して枯れる植物である。この一年生植物には、春に芽を出して夏の時期に生育する一年生夏植物と、秋に芽を出して冬の時期に生育する一年生冬植物とがある。冬植物は年越しをするので「越年生植物（越年草）」とも呼ばれている。これに対して、数年以上、生息するものは多年生植物（多年草）と呼ばれている。

雑草の分類も、一年生植物のものは「一年生雑草」、多年生植物のものは「多年生雑草」というように、植物の分類の「植物」というところを「雑草」にそのまま呼び換えた名前が付けられている。つまり、雑草は「一年生雑草」と「多年生雑草」に分かれて、一年生雑草が、一年生夏雑草と一年生冬雑草（越年生雑草）に分けられることになる。

しかし、分類というのは、人間が理解するのに都合が良いように、勝手に分けているだけで、自然界に生きる生物たちが、人間の分類に従わなければならない義理はまったくない。そのため、ときどき自然界には、人間の分類に当てはまらないものが現れたり、どちらに分類すれば良いのか迷うようなものが出現しては、人間たちをあわてさせている。

雑草は表現的可塑性が大きく、変化する植物である。そのため、人間の決めた分類を飛び越えて変化してしまうものも少なくない。

たとえば、ヒメムカシヨモギという雑草は、道ばたや空き地、畑などあらゆる場所によく見られるキク科の雑草である。ヒメムカシヨモギは、秋に芽生える越年生の雑草である。そして、冬の間に葉を広げて栄養分を蓄えると、春から夏にかけて茎を伸ばして花を咲かせるのである。

ところが、攪乱《かくらん》の大きい場所では、ゆっくりと生長して花を咲かせている余裕はない。そこで、春から夏にかけて発芽し、数週間の間に成長して花を咲かせてしまう。つまり、一年生夏雑草として、生活をしているのだ。また、ヒメムカシヨモギは北米原産の雑草だが、冬のない熱帯地域に広がったものは、越冬の必要がないから、もっぱら一年草として暮らしている。こうして、臨機応変に、その生活史さえも、変えてしまうのである。

私たち人間は、整理しないと理解できない生物だから、自分たち自身さえも「理系と文系」「体育会系と文化系」と区別したがる。そして、「男らしく、女らしくしなさい」だとか、「高校生だから……」と分類に呼応して特徴づけたがるのである。

しかし、雑草の自由さを見ていれば、「こうあるべき」というのが、どんなに狭い考え方かわかるだろう。私たちが住む自然界というのは、もっともっと自由なのだ。

第五章　雑草の花の秘密（雑草の生殖生理）

花の色には意味がある

道ばたにひっそりと咲く雑草の花に、心打たれるときがあるかも知れない。しかし、野生の植物が花を咲かせるのは、人間に見てもらうためではない。昆虫を呼び寄せて花粉を運ばせるためである。

人知れず咲く小さな雑草の花であっても、それは同じである。すべての花は昆虫を呼び寄せるためにあるのである。

美しい花びらや甘い香りも、すべては昆虫にやってきてもらうためのものなのだ。そのため、花の色や形にも、すべて合理的な理由がある。花は、何気なく咲いているわけではないのである。

たとえば、春先には黄色い色の花が多く咲くようになる。

黄色い花に、好んでやってくるのはヒラタアブなど小さなアブの仲間である。もちろん、人間には黄色い色に見えても、昆虫に何色に見えているかは、昆虫に聞いてみないとわからない。よく昆虫には紫外線が見えるという話がある。黄色い花は紫外線が少ないので、紫外線が少ないというのが、アブが好む特徴なのかも知れない。

アブは、まだ気温が低い春先に、最初に活動を始める昆虫である。そのため、春先の早い時期に咲く花はアブを呼び寄せるために、黄色い色をしているのである。

もっとも、アブが好むから黄色い花を咲かせるようになったのか、黄色い花が多くなって、アブが黄色を好むようになったのかは、「卵が先か鶏が先か」で、よくわからない。

しかし、春先には黄色い花が咲き、黄色い花にアブが来るという植物と昆虫との約束事ができあがったのである。

ただし、アブをパートナーとするには、問題があった。

ミツバチのようなハナバチの仲間は、同じ種類の花々を飛んで回る。

ところが、アブはあまり頭の良い昆虫ではないので、花の種類を識別するようなことはしない。そして、種類の異なるさまざまな花を飛び回ってしまうのだ。これは植物にとっては、都合の良いことではない。

同じ黄色い花だからと言って、タンポポの花粉がナノハナに運ばれても、種子はできない。タンポポの花粉は、タンポポに運んでもらわなければならないのである。

それでは、アブに花粉を運んでもらう植物は、どうやってきちんと花粉を運んでもらえば良いのだろうか。

これは難題である。しかし、野に咲く雑草であっても、この難問を解決しているのだから、すごい。

じつは、春先に咲く黄色い花は、集まって咲く性質がある。

集まって咲いていれば、アブは近くに咲いている花を飛んで回る。そうすれば、結果的に同じ種類の花に花粉を運ぶことになるのである。

特に、小さなアブは飛ぶ力がそんなに強くないので、まとまって咲いていれば、近場の花を回ってくれる。

こうして、春先に咲く野の花は、集まって咲く。春に、一面に咲くお花畑ができるのは、そのためなのである。

紫色の花が選んだパートナーは？

黄色い花は、アブをパートナーとして花粉を運んでもらっていた。

一方、紫色の花はミツバチなどのハナバチをパートナーに選んでいる。ミツバチは紫色を好む。紫色の花は紫外線も多いから、ハチは紫外線を合図にして紫色を選んでいるのかも知れない。

ミツバチなどのハナバチは、植物にとっては、もっとも望ましいパートナーである。何より、ミツバチは働きものだ。ミツバチは女王蜂を中心として家族で暮らしている。そのため、自分の餌だけでなく、家族のために花から花へと飛び回り蜜を集めるのだ。つまり、植物にとっては、それだけ、たくさんの花粉を運んでもらえることになる。

さらにハチは頭が良く、同じ種類の花を識別して花粉を運んでくれる。また、ハチは飛翔《ひしょう》能力が高いので、遠くまで飛ぶことができる。そのため、ハチが花粉を運んでくれる植物は、離れて咲いていても、しっかりと花粉を運んでもらうことができるのである。

この優秀なパートナーを惹《ひ》きつけるために、ハチを呼び寄せる花は、たっぷりの蜜を用意してハチを出迎える。

ところが、これには問題があった。

蜜をたくさん用意してしまうと、ハチ以外の他の虫も集まってきてしまう。せっかく奮発して用意した蜜を他の虫に奪われてしまうのだ。

紫色の花は、どうやってハチだけに蜜を与えることができるのだろうか。

人気のある学校に入るためには、「入学試験」というものがある。

じつは、紫色の花も、蜜を与える昆虫を選ぶための「選抜試験」を行うのである。

紫色の花は、複雑な形をしているのが、特徴である。この複雑な形が、まさに入試問題である。

身近な雑草であるホトケノザの花を観察してみることにしよう。

ホトケノザの花の秘密

ホトケノザは、スミレやタンポポほど知られていないかも知れないが、小学校の生活科の教科書でも紹介されるほど、身近に見られる雑草である。

ホトケノザは小さな花だが、よく見ると、なかなか美しい花を咲かせている。

下の花びらには、斑点のような模様がある。これが、蜜のありかを示す「蜜標《みつひょう》」と呼ばれるものである。蜜標はガイドマークや、ネクターガイドとも呼ばれている。この蜜標を目印にして、ハチはこの花びらに着陸する。下の花びらはまるでヘリポートのような役割を持っているのだ。ホトケノザは、ミツバチが訪れるのには小さいが、小さなハナバチが訪れる。

そして、花びらに着陸すると、ちょうど着陸した飛行機を誘導するラインのように、花の奥に向かって蜜標が続いている。この道しるべに従って、花の奥深くへと進んでいくと、花の一番深いところに蜜があるのである。

横からホトケノザの花を見ると、花の形が細長く、花の中が奥深くなっている。じつは、

ホトケノザとハチはパートナー

この狭い中に潜り込んで行って、後ずさりして出てくるというのが、普通の昆虫は得意ではない。これに対して、ハチは花の奥深くへ潜っていくことを得意としているのである。

蜜標が蜜のありかを示すサインだということが理解できる頭の良さ、そして花の奥へと入っていくことのできる勇気と体力を持った虫だけが、蜜にありつくことができる。

こうしてホトケノザは、知力テストと体力テストによって、パートナーとしてふさわしいハチだけに蜜を与えることに成功しているのである。

ホトケノザだけでなく、紫色をした花は、どれも蜜標や奥に深い構造をしている。

スミレを見てみることにしよう。

スミレも下の花びらに白い模様がある。そして、花の奥深くへと潜り込めるようになっている。スミレの花を横から見ると、花の奥を長くするために、茎が花の付け根ではなく、真ん中あたりについていて、やじろべえのようにバランスを保っていることがわかるだろう。

もっとも、最初からハチが花に潜るのが得意だったのかは、わからない。ハチだけが潜れるように花は長く進化し、花に潜るように、ハチも進化をしていく。そうして難易度を上げながら、ついには他の昆虫はたどりつけず、ハチだけが蜜を得られるように進化しているのである。こうして植物とハチとは共に進化を遂げてきたのである。

花と虫との共生関係

ミツバチなどのハナバチの仲間は、頭が良いので、同じ種類の花を回って花粉を運んでくれると紹介した。

しかし、不思議である。

ハチは蜜が欲しいだけで、植物のために働かなければならない義理はない。別に同じ種類の花を回らなくても、近くの花を回れば良いのではないだろうか。ホトケノザの花粉がスミレに運ばれたからといって、ハチには関係のない話だ。

どうして、ハチは、わざわざ同じ種類の花を回るのだろうか。

学校の入学試験は、毎年毎年、違う問題が出される。

もし、ある学校が昨年とまったく同じ問題を出したとしたら、どうだろう。過去問題さえ勉強しておけば、簡単に問題を解くことができる。そんな学校があるのなら、ぜひ受けてみたいと思うことだろう。

ハチも同じである。

テストをクリアして、蜜にたどりついたハチは、同じ仕組みで蜜を吸うことができる花に行きたくなる。新しい花に行けば、また蜜標を解いていかなければならないし、苦労して花の奥に潜り込んでも、蜜にありつける保証はない。そうだとすれば、同じ仕組みで蜜が手に入る同じ種類の花に行った方が良いのである。

こうして、ハチは同じ種類の花を回るようになる。そして、首尾よく植物たちに受粉をしていくのである。

すべての生物は、自分の得だけのために利己的に行動している。そこには、何の約束もなければ、何の道徳心もない。しかし、結果的に、そんな利己的な行動によって、人間から見ると、植物と昆虫とが、いかにも助け合っているかのような、お互いに得になる関係が作られているのである。自然界の仕組みというのは、本当によくできていると驚かされる。

風媒花から虫媒花へ

植物は風で花粉を運ぶ風媒花から、昆虫が花粉を運ぶ虫媒花へと進化を遂げた。

生物の進化の過程で、最初に花を訪れた昆虫は、花粉を食べに来た害虫であったと考えられている。しかし、花粉を食べる害虫が花から花へと移動すると、体についた花粉も運ばれる。これは、植物にとっても都合が良かった。

風まかせで飛ばした花粉が、同じ種類の花にたどりつく可能性は大きくない。そのため、風媒花の植物は、花粉を大量に生産してまき散らさなければならないのだ。しかし、昆虫は花から花へと移動するから、昆虫が花粉を運んでくれるのであれば、すこぶる効率が良い。どこに飛んでいくかわからない花粉を作るくらいなら、少し花粉を食べられるくらいは、何ともないのだ。

こうして、植物は昆虫を呼び寄せて、その昆虫に花粉を運ばせる虫媒花へと進化を遂げていった。そして、昆虫を呼び寄せるために、美しい花びらを発達させたり、ついには昆虫のために、甘い蜜まで用意するようになって、現在、私たちが見るような花々となっていったのである。

風媒花から虫媒花への進化は、裸子植物から被子植物の進化の過程で起こった。

裸子植物から被子植物への進化は、まさに植物の歴史にとって革命的なことだったのである。

裸子植物と被子植物を復習してみることにしよう。

裸子植物は「胚珠《はいしゅ》がむき出しになっている」のに対して、被子植物は「胚珠が子房《しぼう》に包まれ、むき出しになっていない」ことで特徴づけられる。

胚珠がむき出しになっているかどうかが、種子植物を大きく二つに分けるほどの重要なことなのかと思うかも知れないが、胚珠が子房に包まれたということは、植物の進化にとって大事件であった。

植物にとって、もっとも大切なものは次の世代の種子である。被子植物は、この種子を包む子房を作りあげた。そして、この子房の中で受精を行うことが可能になったのである。子房の中は安全である。そのため、その中にあらかじめ胚珠を準備しておくことができる。このことによって被子植物は、受精から種子形成までの大幅なスピードアップに成功するのである。

こうして被子植物は、短い期間に種子を作り、世代を更新させながら進化のスピードを速めることにも成功していった。そして、風任せに花粉を飛ばす風媒花から、昆虫を利用して効率よく花粉を運ぶ虫媒花へと進化を遂げて行ったのである。

再び風媒花へ進化する

このように、植物は裸子植物から被子植物へと進化することによって、虫媒花を手に入れた。

そのため、裸子植物はすべて風媒花である。現在、大量の花粉をまき散らして、花粉症の原因となるスギやヒノキなどは、裸子植物である。

ところが、花粉症の原因にもなる風媒花の中には、ブタクサやイネ科雑草など、被子植物のものもある。

昆虫に花粉を運んでもらう虫媒花は、効率が良いが、昆虫がいないような環境では、どうすることもできない。そのため、花粉を運ぶ昆虫が少ないような環境では、再び風媒花に進化しなおしているのである。

ブタクサは、キク科の植物である。キク科は、ヒマワリやタンポポなど、美しい花を咲かせる虫媒花が多い。しかし、同じキク科でも風媒花も多いのである。キク科はもっとも進化した双子葉植物であると言われる。高度に進化する過程で、ブタクサは虫媒花から再び風媒花へと進化を遂げたのである。まさに「古くて新しい」と言ったところだろうか。

被子植物は、子葉が二枚の双子葉植物と子葉が一枚の単子葉植物とに分かれる。もっとも進化した双子葉植物がキク科であるのに対して、単子葉植物の中でもっとも進化していると言われるイネ科植物は、すべて風媒花である。イネ科植物はユリ科植物を祖先とし、ツユクサ科植物を経て進化したとされている。ユリ科やツユクサ科は美しい花を持つものが多い。イネ科植物も虫媒花から風媒花へと進化してきたのである。

どうして花粉を運ばなければならないのか

それにしても、どうして、こんなにもコストを掛けて昆虫を呼び寄せなければならないのだろう。そもそも、植物の花の中には、花粉を作る雄しべと、花粉を受ける雌しべとがある。自分の雄しべの花粉を自分の雌しべにつけて受粉してはダメなのだろうか。

他の花と花粉を交換する「他殖」のメリットの一つは、遺伝的に多様な子孫を残すことができる点にある。もし、似たような形質の子孫ばかりになってしまったとしたらどうだろう。ある個体が寒さに弱ければ、みんな寒さに弱くなってしまうし、ある個体が病気に弱かったとしたら、みんな一斉に病気にかかってしまう。それを避けるためには、できるだけ多様な子孫を残しておいた方が有利なのである。

さらに、自分の花粉が自分につく「自殖」では困ったことが出てくる。

「メンデルの遺伝の法則」は、エンドウを用いた実験から導かれたが、エンドウは自殖する植物である。厳しい自然界を生きる植物は他殖をした方が良いが、栽培する作物は、できるだけ形質はばらつかない方がいい。せっかく優秀な作物を品種改良しても、他殖でばらついてしまうと都合が悪い。そのため、人間が栽培する作物は、自殖の形質を持つものが多いのである。

エンドウも、いかにもハチに来てほしそうな花の形をしているが、じつはハチが花の中に入るのを拒んでいて、自殖するのである。

メンデルの法則を利用した作物

メンデルの遺伝の法則を復習してみよう。

エンドウには、豆にしわをつけない遺伝子Aと、豆にしわをつける遺伝子aが存在している。このとき、Aとaを「対立遺伝子」と言い、遺伝子Aを「優性遺伝子」、遺伝子aを「劣性遺伝子」と呼ぶ。遺伝子は、常にペアで存在するので、このAとaを二つ持つ組み合わせは、AA、Aa、aaの三種類である。

AAはしわのない豆となり、aaはしわのある豆となる。そして、Aaの場合は、優性遺伝子のAの方が優占してしわのない豆となるのである。もっとも、しわをつけない優性遺伝子のAの方が、しわをつける劣性遺伝子のaよりも、優れた形質ということではない。ただ、豆の見た目の形質は、優性遺伝子の方が優先されるということなのだ。

それでは、AAとaaを掛け合わせてみるとどうだろう。

これは、Aとaの組み合わせなので、すべてAaとなる。つまり、しわのない豆となるのだ。これが「優性の法則」である。

そして、ＡＡとａａを掛け合わせた世代を、「雑種第一代（F_1）」と呼ぶ。

最近、「F_1種子」というものが話題になっている。

野菜や花の種子の袋を見ると、「F_1」や「交配」という言葉が書かれている。これらの言葉が、F_1種子であることを表している。

メンデルの法則に従えば、ＡＡとａａという親を掛け合わせると、すべての子孫がＡａとなり形質が揃《そろ》う。植物は、本来、さまざまな環境に適応した子孫を作るために、バラバラな性質の種子を作ろうとする。しかし、作物を作る上で、性質が揃わないことは都合が悪い。収穫管理を行う上では、性質が揃う方が良いのである。

そこで、メンデルの法則を利用して、ＡＡの品種とａａの品種を交配すれば、性質のそろった野菜や花を作ることができる。このF_1世代の種子が「F_1種子」なのである。

自殖が不利な理由

さて、メンデルには、「優性の法則」に続いて、「分離の法則」と呼ぶものがある。

F_1世代のＡａどうしを自殖すると、得られた種子は雑種第二代（F_2世代）となる。F_2世代は、ＡａどうしのＡ組み合わせでは、ＡＡ：Ａａ：ａａ＝１：２：１の割合となる。そのため、優性遺伝子のＡをもつしわなしの種子と、ａのみのしわありの種子の比は、３：１となるのである。これが分離の法則である。

このとき、同じ対立遺伝子を持つＡＡやａａのような遺伝子型は「ホモ接合体」と言い、異なる対立遺伝子を持つＡａのような遺伝子型のことを「ヘテロ接合体」と言う。

自殖では、このような劣性遺伝子のホモ接合体が出現するのである。

さらに自殖を繰り返すとどうなるだろう。

雑種第二代のＡＡ、Ａａ、ａａを自殖させて、次の世代を見てみることにしよう。

計算は省くが、次の世代は、ＡＡ：Ａａ：ａａが６：４：６となる。つまり、しわのない豆としわのある豆が10：６となるのである。ａａという一般的には出現しにくい遺伝子型が高率で出現していることがわかるだろう。

メンデルの法則は、「優性の法則」「分離の法則」ともう一つ「独立の法則」というものがある。

しわをつけない遺伝子Ａと、しわをつける遺伝子ａと同じように、たとえば豆の色を決める遺伝子には、黄色い豆の遺伝子Ｂと、緑色の豆の遺伝子ｂというような対立遺伝子がある。

このとき、豆のしわに関係するＡ、ａと、豆の色に関係するＢ、ｂは、それぞれ関係することなく独立していて、それぞれが、「優性の法則」「分離の法則」に従うというのが、「独立の法則」である。

そのため、自殖が進むと、ａａ、ｂｂのような劣性遺伝子のホモ接合体が、多く出現することになる。遺伝子は無数にあるから、自殖を行うことで、数えきれないほどの劣性遺伝子のホモ接合体の組み合わせができていくことだろう。

決して、劣性遺伝子が劣っていてダメだということではないが、問題なのはａａという劣性遺伝子のホモ接合体ができやすいということである。この組み合わせになると他殖では出現しにくい形質が出てきてしまうのである。

このような、普段一般的に出現しにくいホモ接合体の組み合わせの中には、生存に弱かったり、生存に有害な形質があるかも知れない。また、このような組み合わせが重なれば、下手をすれば死に至ってしまうかもしれない。

こうして、自殖を行うことで、弱い子孫が増えて行ってしまうのである。この現象は「近交弱勢」と呼ばれている。

自殖を避ける植物

自殖はリスクが大きい。そのため、植物は自殖を避けて他殖をしようとするのである。しかし、一般に植物は一つの花の中に雄しべと雌しべとがある。

ぼんやりしていたら、自分の雄しべの花粉が自分の雌しべに付いて、自殖してしまう。そのため、植物はさまざまな工夫で、自分の花粉が自分の雌しべに付かないようにしている。

一般に、植物の花は、雄しべよりも雌しべの方が長いものが多くある。雄しべの方が長いと、雄しべから花粉が落ちてきてしまう。そのため、雌しべの方を長くしているのである。

たとえば、雄しべと雌しべとが熟す時期をずらす「雌雄異熟」という仕組みもある。たとえば、雌しべが熟す前に雄しべが先に熟して、雌しべが熟す頃には、雄しべは花粉を出さなくしたり、逆に雌しべが熟し終わった後に、雄しべが熟して花粉を出せば、自殖を避けることができる。

また、花の形を二、三種類のグループに分けて、同じ種類の花どうしでは、交配できないようにする「異型花柱性《いけいかちゅうせい》」という仕組みもある。

たとえば、サクラソウには、雌しべが長く雄しべが短い長花柱花と、雌しべが短く雄しべが長い短花柱花の二タイプがあることが知られている。長花柱花の短い雄しべと短花柱花の短い雌しべは同じ位置になるので、ハチの体についた長花柱花の花粉は、次にハチが訪れた短花柱花の雌しべにつきやすい。同じように、雄しべが長い短花柱花の花粉は、雌しべが長い長花柱花の雌しべにつきやすくなる。このように、違ったタイプどうしで花粉がつきやすくなっているだけでなく、仮に同じタイプどうしの花粉がついたとしても、受粉できないような特徴を持っている。

このように自殖を避けようとしても、自分の雄しべの花粉が雌しべに付いてしまうこともある。

そんなときは、雌しべが化学物質などで花粉を攻撃して、花粉が発芽して、花粉管を伸ばしたり、受精をするのを防いだりする「自家不和合性」という複雑な仕組みもある。

そこまでして自殖を防ぐのが面倒なので、雄花や雌花を別々に咲かせる雌雄異花や、動物と同じようにオスの株とメスの株が別々な雌雄異株《いしゅ》などの植物も発達しているのである。

どうして一つの花の中に雄しべと雌しべがあるのか

しかし、不思議である。

こんなに苦労して自殖を防がなければならないのに、どうして、一つの花の中に雄しべと雌しべがあるのだろうか。

実際に植物の中には、キュウリなどのウリ科のように雄花と雌花とが初めから分かれているものもあるし、キウイのようにオスの木とメスの木に分かれているものもある。これらの植物は、自家不和合性に掛ける手間を省くとともに、自殖のリスクを避けているのである。

動物はオスとメスに分かれているのだから、植物もオスとメスを分ければ、複雑な自家不和合性を発達させる必要はない。

じつは、動物の中にも、一つの体の中にメスとオスが同居しているものがある。たとえば、ミミズやカタツムリがそうである。

ミミズやカタツムリは、移動能力が低く、あまり遠くまで動くことができないので、オスとメスとが出会うチャンスが多くない。そのため、出会った相手が誰であっても、子孫を残せるように、メスとオスとを合わせもっているのである。

植物は動くことができない。ミミズやカタツムリほども移動することができない。そのため、植物も一つの花の中に雌しべと雄しべの両方を持っているのである。

植物と植物の出会いを作るのは、花粉を媒介する昆虫である。もし、雄花と雌花に分かれていたとすると、雄花から花粉を運んできた虫が、雄花に飛んできても受粉はできない。ま

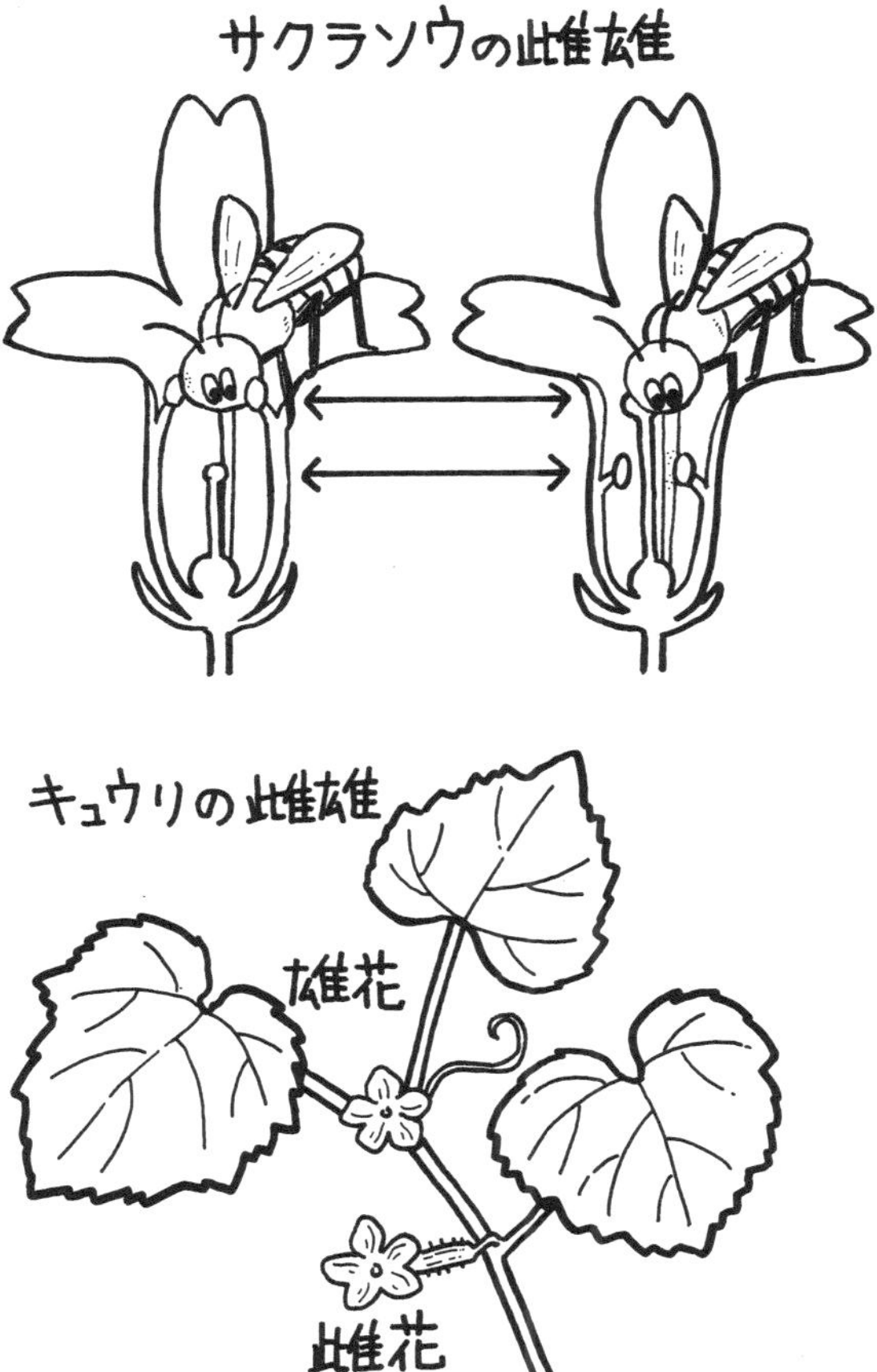

自殖を避ける仕組み

た、雌花から雌花へ虫がやってきても、花粉は運ばれない。一つの花の中に雄しべと雌しべとがあれば、一度、昆虫が花を訪れただけで、花粉を持って飛び去るという雄しべの願いと、他の花から花粉が運ばれるという雌しべの願いとが同時にかなうことになるのである。

自殖性の発達

このように、他の個体と花粉をやり取りする他殖は、多様な性質の子孫を作ることに有利である。だからこそ植物は、美しい花を咲かせて、コストを掛けて他殖をしているのである。そして、自家不和合性を発達させて、自分の花粉で受粉する「自殖」を防いでいる。

それなのに、である。

雑草と呼ばれる植物は、わざわざ自殖を発達させているから、本当にややこしい。

じつは、自殖というのはメリットのある禁断の果実である。

何しろ、自殖をすれば、気まぐれな昆虫などに頼らなくても確実に受粉をすることができる。しかも、受粉できることは確実なのだから、花粉の量など少しで良い。かなりの低コスト化が可能になるのである。

「近交弱勢」などという面倒くさいことを言わなければ、自殖の方がずっと得なのだ。

雑草は、不安定な環境に生える植物である。もしかすると、周りには花粉を交換するような仲間がいないかも知れないし、もしかすると、花粉を媒介してくれるような昆虫もいないかも知れない。そんな過酷な環境に生える雑草にとっては、「他殖」というのは、むしろ贅《ぜい》沢《たく》な話なのだ。

そこで、そのような過酷な環境に置かれた植物は、止むにやまれず自殖をする。

もちろん、近交弱勢は問題となる。しかし、近交弱勢は、他殖では出現しなかった遺伝子型が多数、出現することによって弱い形質になってしまうことである。しかし、自殖が繰り返される中で、弱い形質の個体は淘汰《とうた》されていく。そして、自殖をしても弱い形質にならないものだけが生き残っていくのである。こうして、自殖をすることのできる植物が誕生する。その代表が雑草なのだ。

とはいえ、自殖の有利さというのは、目の前の短期的な利益である。自殖を繰り返せば遺伝的な多様性が失われていくから、将来にわたって環境の変化を乗り越えていくことは難しくなる。そのため、短期的には自殖が有利でも、長期的にはやはり他殖が有利なのである。

スズメノテッポウの選択

第四章では種内変異の例として、スズメノテッポウに水田型と畑地《はたち》型とがあることを紹介した（68ページ）。

水田型のスズメノテッポウは「少しの大きい種子」、畑地型のスズメノテッポウは「たくさんの小さい種子」を選択していた。

スズメノテッポウの水田型と畑地型とでは、生殖様式も異なることが知られている。どちらかが自殖で、どちらかが他殖なのだが、はたして水田型と畑地型は、どちらが自殖で、どちらが他殖なのだろうか。

自家受粉は自己完結なので、仲間がいなくても確実に種子を残すことができるというメリットがある。ただし、種子はすべて親の遺伝子を引き継ぐので、親の持っている範囲の能力しか残すことができない。遺伝的な多様性が低くなってしまうのである。一方、他殖は他の個体と交わるのでさまざまな遺伝子の組み合わせができ、親とは異なる能力を持った種子ができる。しかし相手がいなければ受精することができないというリスクもあるし、受粉効率も低いので花粉の量も余計に用意する必要があり、コストも掛かる。

水田型と畑地型では、それぞれ、自殖と他殖のどちらを選択しているだろうか。

より厳しい環境では……

意外に思うかも知れないが、より厳しい環境に生えているように見える「畑地型」の方が、リスクとコストがある他殖を選択している。

畑ではさまざまな野菜や作物を作る。農作物の種類によって耕す時期や収穫の時期はバラバラである。

いつ耕されるかわからないような、厳しい環境では、とても手間ひまを掛けて他殖している余裕がないように思える。しかし、厳しい環境だからこそさまざまなタイプの子孫を残しておく必要があるということなのである。変化が激しい畑では、どのようなタイプが成功するのかわからない。そのため、種子をできるだけたくさん残すことを優先して、バラエティに富んだ子孫を残すのである。多様性というのは、それほど重要なのだ。

一方、水田型は自殖である。

スズメノテッポウは、秋に芽を出して、春に種子をつける。田んぼでは、稲刈りが終わった後に芽を出して、田んぼに水が張られるまでの間に種子をつける。稲刈りの時期や田植えの時期は毎年、決まっている。耕されることは大きな攪乱《かくらん》ではあるが、毎年、決まった時期に耕すのであれば、予測不能な攪乱ではない。そのため、この作業のスケジュールに適応すれば良いのである。その場合は、早く芽を出したり、遅く芽を出したり、早く穂をつけたり、遅く穂をつけたり、と形質をばらつかせるよりも、田んぼの作業に合わせて芽を出して穂をつけるものに揃えた方がいい。そのため、自殖によって形質を一定に保つ方が有利なのである。

雑草の両掛け戦略

自殖と他殖にはそれぞれ、メリットとデメリットがある。

果たして、自殖と他殖は、どちらを選択する方が有利なのだろうか。

どちらが良いか、という質問は、雑草には愚問である。

雑草が成育する環境は不安定に変化する場所である。状況によっていかようにも変わるから、どちらの選択肢が良いかの正解は雑草の住む世界にはないのである。

どちらか選べないとすれば、どちらも持っている方が良い。そこで雑草は、状況に応じて自殖も他殖も両方行うことができる「両掛け戦略」を取っているのである。

たとえば、ツユクサは朝に咲いて、午前中には閉じてしまう一日花である。もし、この間に虫が訪れなければ、ツユクサは受粉して種子を残すことができないのだ。そのため、ツユクサは、花がしぼむころになると、雌しべは内側に曲がっていく。このとき、突き出ていた雄しべも同じように曲がっていって雌しべに花粉をつける。こうして、自家受粉を行うのである。

あるいはハコベやオオイヌノフグリなどの花も、咲き終わるころには雄しべが中央に集まって受粉をするのである。

このような仕組みは「自動自家受粉」と呼ばれている。

他にも「閉鎖花」という仕組みもある。

春に咲くスミレの紫色の花は誰でも知っているだろうが、スミレが夏に咲かせる閉鎖花を知る人は少ないだろう。夏になり暑くなると、花にやってくる昆虫は少なくなる。そんな夏の間もスミレはつぼみをつけているが、決してつぼみが開くことはない。じつは、スミレのつぼみは開くことなく、つぼみのなかで雄しべが雌しべに直接着いて、受粉をしてしまうのである。これが「閉鎖花」である。つぼみのままの閉鎖花は、緑色をしているので、誰も気が付かないのである。

87ページで紹介したホトケノザも、あんなに工夫した花を咲かせているのに、夏になると葉の付け根につぼみのままで開くことのない閉鎖花をつける。

こうして、雑草は他殖をしながらも、自殖という保険を掛けておくのだ。どちらかの選択肢を選ぶのではない。常に複数のオプションを用意しておくのが、雑草の戦略なのである。

第六章　タネの旅立ち（雑草の繁殖戦略）

動けない植物が移動するチャンス

植物は動くことができない。

しかし、そんな植物が移動して分布を拡大できるチャンスが二回だけある。

最初のチャンスは「花粉」である。

植物は風で花粉を飛ばしたり、虫に花粉を運ばせたりして、花粉を移動させて、受粉する。植物の個体が移動するわけではないが、遺伝子レベルでは、こうして移動して遠くに子孫を残すことができるのである。

そのため、植物は風に花粉を乗せたり、虫に花粉を運ばせるために、さまざまな工夫をしている。特に、虫に運ばせるためには、花に来てもらわなければならないから、植物はあの手この手で虫を呼び寄せようと必死だ。美しい花びらも、豊かな香りも、甘い蜜も、すべては虫を呼び寄せるために、植物が用意したものである。

二回目のチャンスは「種子」である。そのため、植物の花が、さまざまな工夫を発達させているのと同じように、植物の種子もまた、さまざまな工夫がこらされているのである。しかも、花粉による移動は、移動した先にパートナーとなる受粉相手がなければならない。そのため、まったくの新天地に分布を広げるということはできない。これに対して、種子は、植物にとっては子孫そのものである。種子が遠くに移動すれば、自らの子孫たちが分布を広げて、繁栄していくことになるのである。

植物の大発明

植物が種子を作るのは当たり前と思うかも知れないが、そうではない。

植物は、コケ植物、シダ植物、裸子植物、被子植物の順に進化を遂げてきたと理科の教科書で習った。このうち、コケ植物とシダ植物は胞子で増えるのに対して、裸子植物と被子植物は種子を作ることから、「種子植物」と呼ばれる。

種子植物より古いタイプの植物であるコケ植物やシダ植物は、種子ではなく胞子で移動する。胞子は種子と似ているように思えるが、種子植物では受精する前の花粉に相当するものである。そして、胞子で増える植物は受精した後は、大きく移動することはできないのである。

ところが種子植物は、受精する前に花粉として移動し、受精した後に種子として移動する。こうして、二回のチャンスを得ることができたのである。「種子」というのは、植物を革命的に発達させる大発明だったのだ。

この種子によって、植物は劇的に分布を広げることができるようになった。しかも、種子は乾燥に強い。植物の歴史を見ると、種子を発明したことによって、植物は水辺を離れて、内陸部へ進出することが可能になった。そして、大地は植物で覆われるようになっていったのである。

植物の進化にとって、「種子」というのは、画期的な存在である。

種子は固い皮で守られているため、乾燥に耐えることができる。そして、種子の中に守られていれば、植物の芽は、いつまでも発芽のタイミングを待ち続けることができるのである。植物は水がないと死んでしまうが、種子は水がなくても、水が得られるようになるまで、長い時間待ち続けることが可能だ。よく長い時を経て見つかった種子が芽を出したとニュースになることがあるが、種子は時間を超えることのできるタイムカプセルである。そして、長時間、維持されるということは、その間に長距離を移動することができる。種子というタイムカプセルは、時間と空間を超えていくことができるのである。

紙くずを遠くへ移動させる

このように種子植物には、花粉と種子という二回の移動のチャンスがある。植物は、この限られたチャンスにすべてを賭けている。そのため、花や種子は、植物の工夫の見せ所なのだ。

とはいえ、種子は、花粉に比べると、ずっと重たく大きい。この種子を遠くへ運ぶというのは、なかなか大変そうである。

植物は、どのようにして種子を移動させているのだろうか。

たとえば、紙を丸めた紙くずを想像してみよう。

この紙くずを目の前に捨てるのではなく、どこか遠くへ持っていきたいが、どうやって遠くへ移動させれば良いだろうか。

とりあえず、遠くへ投げてみるというのも良いだろう。紙を広げて紙飛行機を折れば、風に乗って、もっと遠くまで飛ばすことができるかも知れない。

もし、川が流れているならば、水に浮くものに乗せて流してしまうという方法もあるだろう。あるいは、トラックが近くを通ったとしたら、荷台に投げ入れてしまうという方法もある。そうすれば、トラックの行き先まで紙くずは運ばれていくことだろう。

遠くへ移動させたいこの紙くずが、植物にとっては種子のようなものである。

種子を遠くへ移動させるアイデアも、そんなに数があるわけではない。

植物の種子の散布方法はD1からD5の五つに分かれている。

D1は風や水の力で種子を運ぶ方法である。この方法は、風散布や水散布と呼ばれている。

D2は人や動物に付着するという方法だ。この方法は、動物散布と呼ばれている。

D3は自らの力ではじけ飛ぶ方法である。この方法は、機械散布と呼ばれている。

D4は特別な仕組みはなく、ただ落下するだけの方法で、重力散布と呼ばれている。もっとも、特別な仕組みはなくても小さな種子が風に運ばれたり、動物の毛にくっついたりするなど、すべての種子は何らかの移動を行っていて、人間がただそれに気が付いていないものの

115　第六章　タネの旅立ち（雑草の繁殖戦略）

が、D4に分類されているという意見もある。

D5は種子を作らない植物である。

こうしてみると、種子散布方法は五つに分類されているものの、現実的には、D1からD3までの、たった三つの方法しかないということがわかる。

アリに種子を運ばせる

D2の動物散布というと、人間の衣服や動物の毛について移動するというのが一般的だが、なかなか凝った方法もある。

一つはアリに種子を運ばせるという方法だ。

たとえば、スミレの種子には「エライオソーム」という栄養豊富な物質が付いている。そして、アリはこのエライオソームを餌とするために種子を自分の巣に持ち帰るのだ。こうしてスミレの種子はアリに運ばれていくのである。

しかし、アリの巣は地面の下にある。地中深くへと持ち運ばれただけでは、スミレの種子は芽を出すことができない。もちろん心配は無用である。

アリがエライオソームを食べ終わると、種子が残る。この種子はアリにとっては食べられないゴミなので、アリは種子を巣の外へ捨ててしまうのだ。このアリの行動によってスミレの種子はみごとに散布されるのである。

他の例もある。

オオバコは、道ばたやグラウンドなど踏まれるところに生える雑草の代表である。

このオオバコの種子は、紙おむつに似た化学構造のゼリー状の物質を持っていて、雨が降って水に濡《ぬ》れると膨張して粘着する。その粘着物質で人間の靴や、自動車のタイヤにくっついて運ばれていくのである。もともとオオバコの種子が持つ粘着物質は、乾燥などから種子を保護するためのものであると考えられている。しかし結果的に、この粘着物質が機能して、オオバコは分布を広げていくのである。

舗装されていない道路では、どこまでも、轍《わだち》に沿ってオオバコが生えているのをよく見かける。オオバコは学名を「プランターゴ」と言う。これはラテン語で、「足の裏で運ぶ」という意味である。また、漢名では「車前草」と言う。これも道に沿ってどこまでも生えていることに由来している。こんなに道に沿って生えているのは、人や車がオオバコの種子を運んでいるからなのだ。

こうなると、オオバコにとって踏まれることは、耐えることでも、克服すべきことでもな

オオバコは踏まれることを利用する

い。踏まれなければ困るほどまでに、踏まれることを利用しているのである。道のオオバコは、みんな踏んでもらいたいと思っているはずである。まさに逆境をプラスに変えているのだ。

このように人に踏まれて増えていくという雑草もある。人が集まる都会に生える雑草には、種子がでこぼこしていて、靴底に付きやすい構造をしているものも多い。

私たちもまた、こうして知らぬ間に雑草の種子散布に協力しているのである。

どうして種子散布しなければならないのか

植物は、こうして工夫を重ねて種子を移動させている。

しかし、そもそもどうして種子を遠くへ運ばなければならないのだろうか。種子を移動させる理由の一つは分布を広げるためである。

それでは、どうして分布を広げなければならないのだろうか。親の植物が種子をつけるまで生育したということは、少なくとも生存できない場所ではないだろう。わざわざ別の場所に種子が移動しても、その場所で無事に生育できる可能性は小さい。そんな一か八かのために、種子をたくさん作って、散布するよりも、子孫たちも、その場所で幸せに暮らした方が良いのではないだろうか。

植物は、大いなる野望や冒険心を抱いて種子を旅立たせるわけではない。

環境は常に変化をする。植物の生える場所に安住の地はない。常に新たな場所を求め続けなければならないのだ。そして、分布を広げることを怠った植物は、おそらくは滅び、分布を広げようとした植物だけが、生き残ってきたのである。それが、現在のすべての植物たちが種子散布をする理由である。

常に挑戦し続けなければいけないということなのだ。

何かをするということは、失敗することである。

たとえば、旅に出れば、バスに乗り遅れたり、道を間違えたり、忘れ物をしたりする。部屋の中にいれば、何も失敗することはないが、それでは面白くない。旅に出て失敗しても、後になってみれば良い思い出だ。

チャレンジすることは、失敗することである。しかし、チャレンジすることで変わることができる。

「Challenge & Change（チャレンジしてチェンジする）」である。

雑草だって、スマートに成功しているわけではない。道ばたで泥臭く挑戦している姿を見てほしい。

さらに、種子がさまざまな工夫で移動をする理由は、他にもある。それは、親植物からできるだけ離れるためなのである。

親植物の近くに種子が落ちた場合、最も脅威となる存在は親植物である。親植物が葉を繁らせれば、そこは日陰になり、やっと芽生えた種子は十分に育つことはできない。また、水や養分も親植物に奪われてしまう。あるいは、親植物から分泌される化学物質が、小さな芽生えの生育を抑えてしまうこともあるだろう。

残念ながら、親植物と子どもの種子とが必要以上に一緒にいることは、むしろ弊害の方が大きいのだ。そこで植物は、大切な子どもたちを親植物から離れた見知らぬ土地へ旅立たせるのである。まさに「かわいい子には旅をさせよ」、植物にとっても大切なのは親離れ、子離れなのである。

外国からやってきた植物

植物はさまざまな工夫で、分布を広げようとしている。ところが、人間社会に生きる雑草は、野生に生きる植物では思いもよらないような移動をすることが可能である。

その黒幕が人間である。

人間は、自らが世界中を移動し、国境を越え海を越えて物を移動させる。この人間の活動によって、雑草も国境を越えて行き来することができるのである。

海外出身の人が、日本の国籍を取得することを「帰化する」と言う。同じように、外国から日本にやってきた植物は「帰化植物」と呼ばれていて、それが雑草の場合は「帰化雑草」と言われる。帰化植物の多くは帰化雑草として振る舞っている。また、動物も含めて言う場合には「帰化種」という言い方もする。

「帰化」と同じように使われる言葉に、「外来」という言葉もあって、「外来植物」「外来雑草」「外来種」という使い方をする。帰化植物と外来植物とは、もともとは同じ意味だが、最近では「外来種」という言葉が行政用語として用いられるようになり、「外来植物」や

「外来雑草」という言葉の方が、より問題がある悪いものというニュアンスを持つようになった。また、「移入種」という言葉も使われてややこしいが、もともとは「帰化種」と同じ意味である。

日本に在来の雑草はない？

昔から日本にあったように思えて、じつは外国からやってきたというものは多い。野菜ではカボチャやトウモロコシは安土桃山時代に日本に伝来した。また、ナスやカブは奈良時代に日本に伝えられている。そういえば、日本人の主食のイネも大陸から渡来した外来の植物だった。

外国からやってきた帰化雑草は、いつの時代に日本にやってきたのだろう。

ナズナやエノコログサ、ハコベなど、私たちになじみのある雑草の多くが、有史以前に農耕や作物が伝えられたのに伴って、日本にやってきたと考えられている。このように古い時代に日本に伝えられた帰化植物は「史前帰化植物」と呼ばれている。その後、仏教の伝来に見られるように、日本と大陸との交流が盛んになるにつれて、さまざまな雑草も日本に入ってくるようになった。江戸時代末期以前に日本に入ってきた植物は「旧帰化植物」と呼ばれている。そして、江戸時代末期に日本が開国を行い、明治時代になると、さまざまな外国の植物が日本に入ってくるようになった。これは「新帰化植物」と呼ばれている。一般に、「帰化植物」と呼ばれるのは、この「新帰化植物」のことである。

外国からやってきた植物を「帰化植物」や「外来植物」というのに対して、昔から日本にある植物は「在来植物」と呼ばれる。

それでは、「在来植物」の雑草とは、どのようなものなのだろう。

ややこしいことに、日本人ももともとは、陸を伝い、海を渡って日本列島にやってきたと考えられている。雑草は、人間社会に適応して進化を遂げた植物である。そう考えると、日本列島に人類がいなかった時代から、日本に自生していた在来の雑草はないということになってしまう。

厳密に言えば、すべての雑草は人類とともに、日本列島にやってきたと考えられているから、在来の雑草は存在しない。しかし、それではややこしいので、実際には、江戸時代末期以前から日本にあった史前帰化植物、旧帰化植物の雑草は「在来種」、江戸時代末期から明治時代以降に日本にやってきた新帰化植物の雑草を「外来種」と呼んでいる。

帰化雑草は強くない

「新帰化植物」というと、新しいイメージがあるが、明治時代以降の話である。

確かに、明治時代の文明開化で、外国の文化が日本にもたらされたことは大きな出来事ではあったけれども、現在の国際的な物流の大きさは、その比ではない。現在では、大勢の人たちが海外旅行に出掛けるし、低い自給率が問題になるくらい、外国からさまざまな商品が日本に輸入されている。

第二次世界大戦後の高度成長期を経て、グローバル化が進む現在では、次々に新しい雑草が日本に侵入してきている。明治時代には、帰化植物の数は、七〇種と数えられているが、戦後の一九五〇年代には約四〇〇種、高度成長期の一九七〇年代には約八〇〇種と言われている。そして、現在では、帰化植物の数は、一六〇〇種を超えるとされているが、年々、増え続けているのが現状だ。

日本人は外国からやってきたものは、舶来品の良いものだと考えてしまう悪いクセがある。また、日本人は体が小さいので、欧米の体の大きい人を見ると、いかにも怖そうだと躊躇《ちゅうちょ》してしまう。

同じように、外国からやってくる帰化雑草は、日本の雑草よりも強いというイメージがあるが、そうではない。スポーツでは、自国で試合をするホームゲームと、相手の国で試合をするアウェイゲームとがあって、慣れた環境で行うホームゲームが圧倒的に有利と言われている。外国からやってきた雑草にとって、未知の土地である日本は、完全にアウェイゲームの戦いである。

日本に侵入した雑草が、荷物を下ろした港や空港の近くで目撃されることを「一次帰化」という。港や空港を観察すると、見慣れない異国の雑草が生えている。しかし、港や空港の外の世界に広がっていくのは、簡単ではない。ほとんどの雑草は、分布を広げることができずに、人知れず死滅しているのである。

しかし、ごく限られた雑草は、異国の厳しい環境に負けることなく定着して、繁殖する。そんな選ばれし雑草が「帰化雑草」として成功を遂げているのである。

外来タンポポと在来タンポポ

タンポポの例を話すことにしよう。

よく知られているように、日本には昔からある在来の日本タンポポと、明治時代に日本にやってきた外来の西洋タンポポがある。

本当は日本タンポポと呼ばれる中にも種類がたくさんあって、外来のタンポポも西洋タンポポ以外にもあるが、ここでは象徴的に、日本タンポポと西洋タンポポという比較をすることにしよう。ついでに、植物名はカタカナで書くのがルールだけれども、わかりやすく日本タンポポ、西洋タンポポと表記してしまう。

85ページでは、黄色い花は集まって咲くと紹介した。

タンポポは、黄色い花なので、タンポポもまた、集まって咲く。

そう聞くと、いや、集まって咲くのではなく、一株で咲いているタンポポもあるのではないか、と反論する人もいるだろう。

じつは、集まって咲くタンポポと、一株だけで咲いているタンポポは種類が違うのである。春先に、集まって咲いているのは、昔から日本にある日本タンポポの方である。

一方、西洋タンポポは、集まって咲くことなく、一株だけで咲いていることも多い。じつは、西洋タンポポは花粉がつかなくても種子を作ることができる「アポミクシス」という特殊な能力を持っている。そのため、まわりに仲間がいなくても、花粉を運ぶ昆虫がいないような環境でも、種子を作ることができるのだ。

西洋タンポポが、自然の少ない街中などに多く見られるのはそのためである。

また、西洋タンポポは春だけではなく、一年中、花を咲かせて種子をつけることができる。こうして、どんどん増えていくのである。

西洋タンポポが増えている理由

最近では、西洋タンポポが増殖して、勢力を拡大しているのに対して、日本タンポポがだんだんと数を減らしていると指摘されている。どんどん花を咲かせて、どんどん種子を作ることができる西洋タンポポの方が、日本タンポポよりも有利なのだろうか。

そんなことはない。

日本タンポポは、春しか咲かない。そして、種子をつけると根だけ残して、葉が枯れてしまうのである。カエルやヘビが土の中で冬をやり過ごすことを「冬眠」と言うように、日本タンポポの場合は、夏の間、根だけ残して土の中で過ごすので「夏眠」と呼ばれている。

日本タンポポが「夏眠」をするのには理由がある。

夏になれば、他の植物が生い茂る。こうなれば、小さなタンポポには光が当たらない。そこで、日本タンポポは、他の植物との戦いを避けて、地面の下でやり過ごすのである。

つまり、日本タンポポは、他の植物が生い茂る日本の自然環境では戦略的なのである。

一方、西洋タンポポは、春だけでなく、夏にも花を咲かせようとするので、他の植物に負けてしまう。そのため、他の植物があるような場所では生存することができないのだ。その代わりに、西洋タンポポは、他の植物が生えないような都会の道ばたなどで花を咲かせて、分布を広げているのである。

西洋タンポポが広がり、日本タンポポが少なくなっているとすれば、本当は、日本タンポポが生えるような日本の自然が減少し、都会の環境が増えているということなのかも知れないのである。

西洋タンポポと日本タンポポと、どちらが強いということはない。西洋タンポポも日本タンポポも、どちらも自分の得意な場所に生えているのである。

西洋タンポポはなぜ成功したか

西洋タンポポが、日本で成功した理由をおさらいしてみよう。

それは、日本の他の植物が生えない環境に侵入したということである。帰化雑草にとって、気候風土の異なる日本は、アウェイゲームである。日本に自生する在来の植物がスクラムを組んでいるところに、正面から突っ込んでいくのでは勝ち目がない。そこで、他の植物が生えない場所が侵入のチャンスとなるのである。

埋立地や、工事で造成した新しい土地は、帰化雑草にとっては格好の場所となる。帰化雑草は、そのような場所で繁殖して、広がっていくのである。

そのため、成功している帰化雑草は、不毛の土地に最初に生える「パイオニア植物（先駆植物）」としての性格を持っているものが多い。

もう一つ、帰化雑草にとって有利な性質は「コスモポリタン（広分布植物）」であることである。人間でも世界を股に掛けて活躍している人はコスモポリタンと呼ばれているが、雑草も世界中で見られるものはコスモポリタンと呼ばれている。

西洋タンポポは、花粉を運ぶ昆虫がいないような環境でも種子を作ることができた。コスモポリタンになるための条件は、色々だろうが、どんな環境であっても生育し、種子を生産できる適応性は、未知の土地で生きるために必要なことだろう。

日本の環境が欧米化している

帰化雑草にとって、日本はアウェイゲームだと紹介したが、最近では、少し様子が変わっているようだ。

最近では、日本の都市の風景を眺めると、アメリカの都市とあまり変わらない。それだけ欧米化が進んでいるのである。

街の風景と同じように、日本の自然環境も欧米に近くなっている。そうなると、欧米出身の帰化雑草にとっては、かなり有利な環境が広がっているのである。

公園の芝生は、もともとは冷涼な欧米に見られたものだ。高温多湿な日本では、本来は芝生は適さない。しかし、今やどこでも芝生が植えられたり、広大な芝生のゴルフ場が作られている。こうなれば、欧米の芝生に生えていた雑草にとっては、ホームゲームに近い。

また、畑の環境も変わっている。もともと、日本は火山国なので、やせた火山灰の土壌が多かった。そのため、日本の在来の植物はやせた酸性土壌を好むものが多いのである。しかし、今では化学肥料があるので、いくらでも土を肥沃化させることができる。化学肥料だけではない。日本人の生活も豊かになって、工場や家庭から出されるゴミや排水は、栄養をたっぷり含んでいる。そして日本の土壌は、富栄養化やアルカリ化が進んでいるのである。そのため、肥沃な土壌や富栄養化した水を好む帰化雑草が、アウェイゲームを感じさせない力強さで繁殖していくのである。

トロイの木馬作戦

帰化雑草は、外国からやってくる荷物に紛れて日本に侵入する。そして、港や空港の近くに一次帰化してから、次第に周囲へと広がっていく。そのため、水際対策で、内陸部に伝播《でんぱ》しないように注意しなければならないのである。

ところが、である。

最近では、まるでテレポーテーションでも使ったかのように、日本の畑の真ん中に、いきなり外国からやってきた見慣れない雑草が出現する例が増えている。いったい、種子はどこから、どのようにしてやってきたのだろうか。

古代ギリシア時代の「トロイの木馬」という伝説がある。

トロイ軍を攻めたギリシア軍は、城壁の堅い守りに阻まれて、ついには巨大な木馬を残して撤退してしまう。勝利を喜ぶトロイ軍は戦利品としてその木馬を城内に運び込んだ。しかしその夜、木馬の内部に潜んでいたギリシア軍の兵隊が木馬の中から現れて、一気にトロイの城を陥落させてしまったのである。難攻不落の城へ木馬の中から見事に侵入したギリシア軍の奇策は、鮮やかである。

じつは、帰化植物の侵入方法も、トロイの木馬に似ている。

そのカラクリはこうである。

日本では、家畜の餌の多くを輸入している。海外の畑で収穫されたトウモロコシやダイズに雑草の種子が混じっていると、雑草の種子はそのまま日本に運ばれてきてしまう。そして、家畜がトウモロコシやダイズを餌として食べると、雑草の種子もいっしょに家畜の体内に入ってしまうのである。まさにトロイの木馬の腹の中だ。

やがて、雑草の種子は家畜の消化器官を潜《くぐ》り抜け、糞《ふん》として体外に排出される。この糞から作られた堆肥が、畑にまかれることで、帰化雑草の種子は、畑の中に侵入するのである。

こうしてトロイの木馬よろしく畑に次々に侵入し、勢力範囲を広げているのである。

セイタカアワダチソウの悲劇

成功している帰化雑草だからといって、もともと強い雑草だとは限らない。

帰化雑草の代表のように言われて嫌われている雑草に「セイタカアワダチソウ」がある。

セイタカアワダチソウの名前は「背高」に由来している。その名のとおり、数メートルもの高さになり、河原や空き地などを覆い尽くしてしまうのである。まさにモンスターのような植物である。

セイタカアワダチソウは、北アメリカ原産の帰化雑草である。

ところが、不思議なことに、セイタカアワダチソウは、原産地の北アメリカではあまり背が高くならない。高さ一メートルにも満たない草丈で、黄色い可憐《かれん》な花を咲かせる野の花なのである。

そのため、セイタカアワダチソウは、アメリカの人々からは、可愛らしい祖国の花として愛されている。セイタカアワダチソウの英名は「ゴールデンロッド（黄金の棒）」。ケンタッキー州やネブラスカ州、サウスキャロライナ州、デラウェア州では、ふるさとの風景を代表する州の花として選定されるほどの人気である。

どうして可愛らしかった野の花が、モンスターとなってしまったのだろうか。

原産地では、問題にならなかった植物や昆虫が、外国に渡って猛威を振るうことがたびたびある。この現象を説明してくれるのが、「天敵解放仮説」である。母国の環境では、さまざまな天敵や病原菌がいて、個体数を抑制している。あるいは、天敵から身を守るためのさまざまな防御手段にコストが掛かる。しかし、異国の地では天敵がいないために、のびのびと思う存分、成長や繁殖ができるというのである。

また、タンポポの場合は、日本のもともとの植物が西洋タンポポの成長を妨げていたが、セイタカアワダチソウの場合は、少し事情が違ったことも大きく影響している。

一人勝ちは許されない

セイタカアワダチソウは、根から有毒な物質を出す。この物質で、周りの植物の芽生えや生育を抑制するのである。そして、ライバルのいなくなった場所に一面に大繁殖して、大きな群落を作ってしまうのである。

このように植物がさまざまな化学物質を放出して、まわりの植物を抑制したり、害虫や動物から身を守ることを「アレロパシー（他感作用）」と呼んでいる。

「化学兵器を使う」というと、ずいぶんと特殊な感じがするかも知れないが、ほとんどの植物が多かれ少なかれ、化学物質を出して自らを守っていると考えられている。そして、植物はさまざまな化学物質で攻撃し合いながらも、バランスを取って生態系を作り上げているのである。

実際、セイタカアワダチソウは原産地でも、同じように物質を出していたはずである。しかし、長い時間を掛けて、共に進化を遂げてきた周りの植物たちにとっては、セイタカアワダチソウが出す毒など、わかりきった物質なので、そんなもので枯れることはない。競争のために、さまざまな物質を放出しているのは、お互い様なのである。

しかし、日本では違う。日本で進化を遂げてきた植物にとって、セイタカアワダチソウが出す物質は、初めて経験する未知の物質だったことだろう。そのため、その物質に簡単にやられてしまったのである。

そして、ライバルのいなくなったセイタカアワダチソウは、祖国で愛された姿は見る影もないほどに変貌し、猛威を振るい始めたのである。

しかし、セイタカアワダチソウにとっては、それは不幸の始まりだった。

ライバルもなく一人勝ちすることは、セイタカアワダチソウにとっても初めての経験だったのである。

セイタカアワダチソウだらけになってしまうと、セイタカアワダチソウが出す毒物質は、自らの発芽や成長も蝕《むしば》むようになっていった。そして、やがてセイタカアワダチソウは衰退していったのである。

その頃になると、セイタカアワダチソウを追いかけるようにして、セイタカアワダチソウの害虫も日本に帰化してきた。さらには、日本の植物病原菌も、セイタカアワダチソウに感染するように変化をした。

こうして、追い討ちを掛けられて、セイタカアワダチソウはますます衰退していったのである。

最近では、セイタカアワダチソウに一時ほどの大繁殖は見られない。ススキなどの在来植物に負かされているところもあるし、アメリカで見るように小さな野の花で道ばたに咲いているようすも見られる。まさにセイタカアワダチソウの盛衰を見るようである。

日本から海外へ

帰化雑草と言うと、外国から日本にやってくるイメージがある。

しかし、逆の例もある。外国からやってきた雑草が日本で問題になるように、日本ではあまり問題になっていないのに、海外で雑草として猛威を振るっているものも存在する。

たとえばクズは、葛粉や葛餅の原料となり、昔は秋の七草としても親しまれていた日本古来の植物である。ところが、最近では海外では雑草として問題になっている。

もともと、クズは成長が早いので、土砂流出が進むアメリカでは、大地を緑で覆う救世主として期待され、導入された。しかし、そんな人間の思惑に収まりきらず、またたく間に広がって問題になっている。猛威を振るうクズはアメリカでも「Kudzu」の名で恐れられてい

セイタカアワダチソウと言えば……

るのだ。

もっとも、クズは日本でも最近では、雑草として問題になっている。昔のようにクズの根を掘って利用しなくなったことや、土が富栄養化していることなどが原因ではないかと考えられている。

イタドリも、日本から外国に渡った帰化雑草である。イタドリは、日本ではまったく害にならないが、ヨーロッパに渡って、猛威を振るっているのである。また、お月見などで日本人に愛されているはずのススキも、日本からアメリカ大陸に渡って雑草として大暴れしている。

どんな境遇が、植物たちをモンスターに変えてしまうのだろうか。

嫌われ者の帰化雑草も、好んで外国へ行ったわけではない。どれも見ず知らずの新しい土地に連れて行かれたに過ぎないのである。故郷に錦を飾るではないが、外国で一旗挙げて凱旋《がいせん》帰国する雑草もある。

ねこじゃらしの別名で知られるエノコログサの仲間に、アキノエノコログサがある。アキノエノコログサは日本では道ばたの雑草というイメージだ。

東アジア原産の雑草だが、いつのころからかアメリカに渡って帰化雑草として、広がった。そして、背の高いトウモロコシなどにも負けずに、畑の雑草として問題となるようになったのである。

ところが、最近は日本でも、道ばたの雑草であったアキノエノコログサが、トウモロコシ畑に侵入して問題になるようになってきた。これは、アメリカで畑の雑草になったアキノエノコログサが日本に帰化植物として侵入しているのではないかと考えられている。まさに、海外仕様の日本車が日本に輸入される「逆輸入」のような現象だ。

もしかすると、このように日本の雑草と同じ種類が海外からやってきているのではないかと推察されているが、同じ種類の雑草が日本に入ってきても、見た目には区別がつかない。見た目に区別がつくような異様な姿の帰化雑草は、まだ問題が少ない。じつはこのスパイのような帰化雑草が見えざる問題となっているのである。

第七章　雑草を防除する方法

不死身のモンスター

倒しても倒しても、襲い掛かってくるモンスター……それが、雑草である。

雑草の進化の歴史は人類の歴史と共にあった。そして、人類はもう一万年もの間、雑草と戦い続けてきたのである。人類の歴史は、まさに「雑草の戦いとの歴史であった」と言っても過言ではない。

さまざまな植物が研究される中で、雑草も古くから研究されていたが、「雑草」に関する本格的な研究が行われ始めたのは、遠い昔のことではない。第二次世界大戦後のことである。第二次世界大戦が終わり、平和な時代が訪れたときに、世界各国で相次いで雑草学会が設立された。

もちろん、それまでも世界の農業は、雑草に悩まされていたが、地道に除草をする以外に手立てがなく、人々は草取りし続けるしかなかったのである。また、害虫や病原菌と異なり、大変とは言っても、雑草は草取りすれば誰でも防除できるものでもある。特に日本では、草取りは「勤勉さ」の象徴とされて、「手を抜く」という省力的な技術の開発が進まなかったということもある。

そのため、それまでは、植物学の中で分類されるような研究は進んでいったが、それを防除するという本格的な研究は行われていなかったのである。

それでは、どうして第二次世界大戦後に本格的な研究が始められたのだろうか。じつは、この時期に、草取りに頼らざるを得ない雑草防除に革命を与えるものが登場したのである。

それが「除草剤」である。

植物の分類と雑草の分類の違い

植物は、単子葉植物と双子葉植物との二種類に分類される。

ところが、その分類にかかわらず、雑草は大きくイネ科雑草と広葉雑草とに分けて考える。広葉雑草は葉っぱが広いという意味である。双子葉の雑草は広葉雑草に含まれるが、ユリのように葉っぱの広い単子葉の雑草も広葉雑草に含まれる。また、イネ科雑草は単子葉の雑草の代表ではあるが、この分類では、たとえばカヤツリグサ科のようなイネ科植物によく似た葉の細い単子葉植物は、どちらの分類にも含まれない。

どうして、雑草はこのようにややこしい分類なのだろうか。

じつは、除草剤の効果の違いから、雑草はイネ科雑草と広葉雑草とに分かれているのである。

雑草学にとって、除草剤は重要な存在なのだ。

科学はもろ刃の剣

除草剤が最初に開発されたのは、第二次世界大戦中のことである。さまざまな化学物質が研究され、2,4-D（「2,4-ジクロロフェノキシ酢酸」の略）という物質が、植物ホルモンのオーキシンと同様の働きをして、植物の正常な生育を阻害することが明らかとなったのである。戦争中のことである。2,4-Dは人間や動物には無害であったが、敵国の農作物を枯らす兵器としての利用も検討された。幸いなことに、第二次世界大戦で利用されることはなかったが、一九七〇年代のベトナム戦争では、兵士の隠れ家であるジャングルの木々を枯らす目的で利用された。2,4-D自体は人間には無害だが、当時不純物として混ざっていた有害なダイオキシンが人々を苦しめた。

インターネットやＧＰＳなどは、もともと軍事技術を民間に平和利用したものである。

科学技術はもろ刃の剣である。正しく用いれば人類に豊かさをもたらすが、使い方を誤れば人々に危害を加える。

包丁も料理に使うには便利だが、人を殺《あや》めることもできるし、自動車は今ではなくてはならない乗り物だが、操作を誤れば殺人マシーンともなる。科学技術が進めば進むほど、それを使う人類の正しい判断が求められるのである。

ドラえもんのひみつ道具

第二次世界大戦が終わると、2,4-Dは除草剤として用いられるようになった。そして、世界中で除草剤を用いた雑草防除が行われるようになったのである。

2,4-Dはイネ科植物には効果がないが、それ以外の雑草を枯らす。そのため、芝生の除草剤として開発された。さらにトウモロコシやコムギなど、世界の重要な穀物はイネ科植物だから、除草剤としての利用が進んだのである。日本で重要なイネも、むろんイネ科植物である。そこで、2,4-Dで枯れる雑草が広葉雑草と呼ばれるようになり、2,4-Dでも枯れない雑草がイネ科雑草と分類されるようになったのだ。

除草剤の登場は、世界の農業を大きく変える革命であった。

何しろ、それまでは這《は》いつくばって草取りをしなければいけなかったのが、簡単に雑草がない状態になるのである。除草剤の登場によって、農業はずいぶんと楽になった。当時の人たちにとって、除草剤は、大魔術か、ドラえもんのひみつ道具を見るかのような、「夢の技術」だったのである。

実際に、水田では、一〇アール当たりの除草に要する年間労働時間は、除草剤のない昭和二〇年代には五〇時間を超えていたが、現在は二時間に満たない。

また、コムギ栽培では、除草に掛かる労働時間は、昭和二〇年代には三一時間であったのに対して、現在は一時間未満である。

除草剤のしくみ

それでは、除草剤はどのようにして雑草を枯らすのだろうか。

2,4-Dは、植物ホルモンとして知られるオーキシンと、構造や働きが良く似た物質である。高校の生物の教科書では、イネ科植物の幼葉鞘《ようようしょう》を用いたオーキシンの屈性の実験が紹介されている。幼葉鞘とはイネ科植物の子葉のことである。

イネ科植物の幼葉鞘は、光を求めるかのように光の当たる方に曲がる。これがオーキシンの働きによるものである。

オーキシンには細胞分裂を促進したり、細胞の伸長成長を促進する作用があり、さらに光の当たらない側に輸送される特性を持つ。そのため、光の当たらない側ではオーキシンの濃度が高くなり、伸長成長が促進される。こうして、幼葉鞘は光の当たる方に曲がるのである。

伸長成長を促進するのだから、雑草にとってもありがたい物質のような感じもするが、植物ホルモンは濃度によってさまざまな働きをするため、多すぎると反対に植物の生理作用が攪乱《かくらん》されて、異常な成長をしたり、奇形が生じたりしてしまう。2,4-Dは、雑草の生理作用に混乱を与えた挙句、最後には枯れさせてしまうのである。

動物と植物との違いを利用する

除草剤は、植物を枯らして、動物に害のないことが求められる。そのため、植物ホルモンのように、植物が持っていて、動物が持っていない生理作用があると都合が良い。

植物にあって、動物にはない生理活性には、どのようなものがあるだろうか。

植物と動物のもっとも大きな違いは、植物は光合成をするということである。

また、植物はアミノ酸や脂質など、生存に必要な物質を自ら作り出す。これに対して、動物はアミノ酸や脂質を、植物を食べたり、他の動物を食べたりすることで摂取する。この光合成や、物質の合成に関する生理活性を阻害すれば、動物には影響なく、植物だけを枯らすことができそうである。

実際に、ほとんどの除草剤が、植物ホルモンの作用システム、植物の光合成システム、アミノ酸や脂質の合成システムなど植物特有の生理作用に影響して、雑草を枯らす。

それでは、動物になくて植物だけが持つしくみについて、少しおさらいしてみることにしよう。

光合成を阻害する

光合成は、一般的に動物が行うことはできない。植物だけが行うことができる反応である。光合成は、二酸化炭素と水を原料として、生きるためのエネルギー源となるブドウ糖を作りだす働きである。このとき、副産物として酸素が出てくる。そのため、植物は酸素を出すのである。また、この光合成は、電池に充電するように、光エネルギーをエネルギー源となる糖に蓄積する作業である。そのため、光合成には光エネルギーが必要なのだ。

化学式では、「二酸化炭素（$6CO_2$）＋水（$12H_2O$）＝ブドウ糖（$C_6H_{12}O_6$）＋酸素（$6O_2$）＋水（$6H_2O$）」となる。二酸化炭素と水から、ブドウ糖と酸素ができるという極めて単純な化学反応だが、現在の科学技術では、この光合成を再現することが、なかなかできない。どんなに人間が威張ってみても、葉っぱ一枚にかなわないのである。

この光合成を阻害するというのが除草剤の中でも有力な作用である。

光合成は、二酸化炭素と水からブドウ糖と酸素を作るように見えるが、実際には光エネルギーを成長のエネルギー源である糖に取り込む充電のような作業である。そのため、光合成の化学反応にはエネルギーの流れが伴う。光合成を阻害する除草剤は、このエネルギーの流れを止めるのである。

実際には、光合成では、葉緑素で光のエネルギーによって水が分解されてエネルギーの高い状態になった電子が作られ、この電子が次々と受け渡しされていく。そして、この、電子の流れによって、エネルギーを蓄えた物質が作られ、最後にエネルギー源である糖が生産されるのである。光合成阻害の作用を持つ除草剤は、この電子伝達系の流れを止めて、光合成を阻害する。そして、植物はやがてエネルギー源である糖が不足して枯れてしまうのである。さらには行き場を失った電子が蓄積されることによって、有害な活性酸素が発生し、細胞がダメージを受ける。こうして、雑草が枯れていくのである。

ただし、植物はエネルギーを体の中に蓄積している。そのため、光合成を止めたとしてもすぐに栄養不足になるわけではない。また、活性酸素によるダメージも枯れるまでに到《いた》るには時間が掛かる。そのため、このタイプの除草剤は効果が遅い遅効性の除草剤とされている。

アミノ酸の合成を阻害する

光合成によって作りだされる糖が、生きるためのエネルギー源となるのに対して、タンパク質は、生物の体を作る物質である。このタンパク質の材料となるのが、アミノ酸である。動物はアミノ酸を植物や他の動物などを食べることによって、摂取している。これに対して、植物はこのアミノ酸を自前で作りだす。

そして、アミノ酸の材料となるのが、土の中にある窒素分である。

植物が吸収できる無機態窒素には、硝酸態窒素（NO_3）とアンモニア態窒素（NH_4）とがある。植物は、主に土の中にある硝酸態窒素を吸収する。そして、植物は体内で硝酸態窒素をアンモニア態窒素に一旦、変化させてから、アミノ酸（NH_2）を合成するのである。

そして、このアミノ酸がつながると、植物の体を作るタンパク質が作られる。

除草剤の中には、このアンモニア態窒素からアミノ酸への合成を阻害するものがある。植物は、必要なアミノ酸が得られないばかりか、アミノ酸に変換されないままのアンモニア態窒素は害があるので、枯れてしまうのである。

また、植物はアミノ酸と同じように、脂肪酸も自らの体内で合成する。この、脂肪酸の生合成を阻害することも、植物にダメージを与えることになる。

植物は土の中の栄養分からすべての栄養分を作りださなければならないため、自らの体内でアミノ酸や脂肪酸を合成する能力が不可欠である。

しかし、植物や他の生物を食べて必要な栄養分を得ることができる動物は、アミノ酸や脂肪酸を合成する仕組みを持っていない。そのため、このような作用を利用することで、動物や人間への影響が少ない除草剤ができるのである。

作物が枯れない秘密

しかし、不思議なことがある。

除草剤で雑草は枯れるのに、どうして同じ植物であるはずの作物や野菜は枯れないのだろう。

除草剤には、どんな植物でも枯らしてしまう「非選択性除草剤」と、作物は枯らさずに雑草だけを枯らす「選択性除草剤」とがある。田んぼや畑では、作物を枯らさないように、選択性除草剤を使わなければならない。

一つには、植物の生育ステージの差を利用するという方法がある。

たとえば、イネの栽培では、田植えをして大きくなった苗を植える。そのため、土壌の表面に除草剤を散布しておけば、土壌表面から芽を出してくる雑草だけを枯らすことができるのである。

二つ目は、植物の生理的な性質の違いを利用する方法である。たとえば、すでに紹介した2,4-Dは、広葉雑草の体内では速やかに移動するが、イネ科植物の体内では移動しにくく、体中に除草剤がまわることがない。そのため、イネなどのイネ科植物に害を与えることなく、広葉雑草だけを選択的に枯らすことができるのである。

三つ目は植物の除草剤に対する反応の違いを利用するものである。

植物には有害な物質が体内に入ると、代謝して無毒化しようとする働きがある。この無毒化できるか否かの違いによって、雑草だけを枯らすのである。

このようなさまざまな工夫によって、作物を枯らすことなく、雑草だけを枯らす除草剤が作られているのである。

スーパー雑草の登場

スーパーマンや、スーパーマーケットなど、世の中で特別な能力を持っているものは「スーパー○○」と呼ばれるが、雑草でも「スーパー雑草」と呼ばれているものがある。それはいったい、どのような雑草なのだろう。

除草剤は、雑草防除に効果的だが、最近では除草剤をまいても枯れない雑草が出現している。これらの雑草が「スーパー雑草」と呼ばれているのである。

たとえば、菌やバクテリアでは、抗生物質が効かない耐性菌が問題になったり、ゴキブリなどの害虫では殺虫剤が効かない抵抗性害虫が問題となっている。しかし、雑草では、このような除草剤が効かないものは出現しにくいと考えられていた。

菌やバクテリア、害虫は寿命が短く、一年間に何回も世代が更新する。そうすると、薬剤に対する抵抗性の個体の選抜が繰り返されるのである。しかし、雑草は寿命が短いと言っても、一年間に一世代を経る程度である。このような世代更新の速度では、抵抗性は発達しないと考えられていたのである。

それなのに、除草剤を多用するあまり、ついに雑草にも除草剤の効かない抵抗性の個体が

次々に出現するようになってしまったのだ。除草剤は便利な道具だが、便利な道具であるがゆえに、使い方に気を付ける必要があるのである。

除草剤だけに頼らない

除草剤による防除方法は、「化学的防除」という。しかし、除草剤に頼ってばかりいると、除草剤の効かない抵抗性雑草を出現させてしまうことになる。そのため、除草剤だけでなく、さまざまな除草方法を組み合わせて、雑草を防除することが必要となる。

また、雑草を完膚なきまでに無くそうとすると、どうしても除草剤に頼らざるを得なくなってしまうし、自ずと除草剤をまかなければならない回数も増える。そこで、さまざまな除草方法を組み合わせて、さらには雑草を完全になくすのではなく、被害がない程度にまで雑草を抑えることが提案されている。

それが、「総合的雑草管理（ＩＷＭ）」と呼ばれるものである。

この考えは、もともと害虫について提案されていた「総合的害虫管理（ＩＰＭ）」を、雑草に応用したものである。ただし、害虫は、それを餌にする天敵などによって数が抑えられるのに対して、雑草の数を効果的に抑えてくれる天敵のような存在がないために、少ししかなかったはずの雑草が、あっと言う間に、大繁殖してしまう。そのため、総合的雑草管理は、実際にはなかなか難しい。総合的雑草管理は、これからの研究が必要な新しいテーマである。

あるいは、最近では環境に配慮してできるだけ除草剤に頼らない無農薬栽培や、減農薬栽培も人気が高い。除草剤は便利な道具だが、いつまでも除草剤ばかりに頼っているわけにはいかないのだ。除草剤に頼らずに、雑草を抑えることも必要となるのである。

さまざまな除草方法

それでは、除草剤を用いる「化学的防除(Chemical control)」の他には、どのような防除法があるのだろうか。順に見ていくことにしよう。

まず、「耕種的防除(Cultural control)」と呼ばれるものがある。これは作物の栽培技術によって雑草を抑制する方法だ。たとえば、土を耕すことも雑草をなくすことになるし、田んぼに水を張ることも、雑草をなくすことになる。もっとも、土を耕したり、田んぼに水を張るという単純な農作業だけで雑草を防ぐことは難しい。すでに紹介したように土を耕せば、新たな雑草の種子が芽生えてくるし、根や地下茎で増える雑草は、耕すことでちぎられることによって、かえって増えてしまうこともある。また、田んぼに水を張れば畑の雑草は生えないが、田んぼに適応した田んぼの雑草が生えるだけのことだ。

少し工夫した耕種的防除には、たとえば決まった作物ばかり栽培していると、その環境に適応した雑草がはびこってしまうので、毎年、栽培する作物の種類を変える輪作や、交互に田んぼにしたり、畑にしたりすることで、田んぼの雑草や、畑の雑草が蔓延《まんえん》するのを防ぐ「田畑転換」という方法もある。あるいは、作物を高密度で植えれば、雑草を抑えることが可能になるので、植える間隔を変えるという方法もある。

次に「機械的防除（Mechanical control）」という方法もある。これは機械を利用した除草だ。たとえば、草刈り機や、作物が植わっている間を耕して雑草を抜き取る中耕除草機などの機械がある。

また、物理的に雑草が生えてくるのを防ぐ「物理的防除（Physical control）」という方法もある。代表的な方法はマルチと言って、作物のまわりをビニールなどで覆って雑草が生えてくるのを防ぐものがある。伝統的には、作物が植わっている間に、稲わらを敷いたりした。これも雑草が生えてくるのを邪魔する効果がある。

生き物を使った除草方法

最後に、生物を使った「生物的防除（Biological control）」を紹介しよう。

害虫の天敵のように、雑草の密度を効率的に抑制してくれる天敵はいないと書いたが、雑草防除に貢献してくれるような生き物もいる。はたして、どのような生き物が、雑草を防除してくれるのだろうか。

生物防除の事例を紹介していくことにしよう。

有名なのは「アイガモ農法」だろう。田んぼにアイガモのひなを放つと、ひなたちは田んぼの中を泳ぎ回りながら、害虫をついばんでいく。アイガモは雑草をたくさん食べるわけではないが、水かきで田んぼの中を泳ぎまわると、泥が舞い上げられて、水がにごる。そのため、地面にまで光が届かなくなり、雑草の芽が出なかったり、やっと出た芽に光が当たらず死んでしまうのである。

同じように泥をかき混ぜてくれる生物は、田んぼの雑草を防いでくれる。

中国などのアジアの稲作地帯では、古くから田んぼの中でコイを放して、コメを作るだけでなく、コイも育てて食べてしまうという伝統農法がある。日本でも、古くから田んぼでフナやコイを飼う地域もある。このような伝統農法を参考にして、水稲の雑草を防ぐ技術も研究されている。また、ドジョウやカブトエビなど、小さな生き物も泥をかき混ぜて、雑草の小さな芽生えを浮かせてくれる効果が期待されている。

また、イトミミズなどの微生物も、田んぼの土をせっせと食べては、土の表面に糞《ふん》をしていく。この働きによって、雑草の芽生えは根が抜けて浮いてしまうとともに、土の中の種子が埋没することが知られている。そのため、イトミミズを増やすために、冬の間も田んぼに水をためておく冬期湛水《たんすい》という技術も行われている。

ジャンボタニシの功罪

最近、ジャンボタニシという外来の生物が各地で問題になっている。ジャンボタニシは通称で、正式にはスクミリンゴガイという南米原産の貝である。フランス料理にエスカルゴと

水をにごらせるアイガモ農法

いうカタツムリを使った高級料理があるが、ジャンボタニシはエスカルゴの代わりに使われるとして養殖されていた。それが、逃げ出して各地に広がっていったのである。

この貝は食欲が旺盛で、田んぼの中の雑草を見る見る平らげて行ってしまう。なんというありがたい存在なのだろう。

ところが、良いことばかりではなく、ジャンボタニシは、水の中を這いまわって、イネの苗まで食べてしまうのである。

ジャンボタニシは水の中を移動するので、水を少なくしておけば、移動せずにまわりの雑草を食べてくれる。ところが、広い田んぼの水の深さを均一にすることは簡単ではない。水深が深いところがあれば、イネの苗を食べられてしまうし、雨でも降って水を浅くしておくことができなければ、どんどんイネを食べられてしまうのである。

頼もしい味方は敵に回すと、恐ろしい存在なのだ。

最近では、海外から移入した外来生物が、被害をもたらしたり、生態系に影響を与えることが問題となっている。いくら役に立つといっても、ジャンボタニシのように外国が原産の生物は、不用意に扱ってはいけないのだ。

ところが、驚くことに韓国では、この恐ろしいジャンボタニシを田んぼにまいて除草を行っている。韓国は冬の気温が低いので、田んぼに撒《ま》いたジャンボタニシは、みんな寒さで死んでしまう。そのため、ジャンボタニシを除草に利用しているのである。生物を使うということは本当に難しい。

さまざまな生物の利用

田んぼ以外のところに目を移すと、畑の雑草などはけっこう虫に食べられている。これらの虫は雑草の天敵として利用できないのだろうか。自然界には雑草の葉を食べたり、種子を食べている虫は多いが、残念ながら、これらの虫の働きだけで雑草がなくなるほどまで食べ尽くすことができない。これらの虫の利用も、今後の研究が必要となるだろう。

また、野外では雑草もけっこう病気にかかっている。もし、特定の雑草だけに感染するような病原菌があれば、これらの病原菌を散布することによって雑草を枯らすこともできる。

このように病原菌を使って雑草を枯らす資材は、すでに開発されていて、これらは「生物農薬」と言われている。

虫や菌類よりも、もっと大きなサイズでは、最近ではヤギが注目されている。ヤギをつないだり、囲いをして飼っておけば、その範囲の雑草をきれいにしてくれるのである。

草食動物のヤギは、雑草を食べ続ける。しかもヤギは食欲旺盛で、好き嫌いなくさまざまな雑草を食べてくれる。さらには、人間が草刈り作業ができないような急傾斜地でも、難なく上って雑草を食べてくれるのである。

それだけではない。ヤギは気が強いので、農作物を荒らす野生動物を追い払う効果もあるし、さらにはヤギがいると、人が集まってにぎわいが創出されるという効果もある。今では各地でヤギが大人気だ。

二二世紀の雑草

本書の「はじめに」で、『ドラえもん』の第一巻に登場したエピソードを紹介したことを覚えているだろうか。

未来の草むしり機をおねだりしたのび太くんは、ドラえもんに「そんなものはない」と言われてしまう。

この言葉は、未来であっても、人は草むしりから逃れられない存在であるという意味と、未来には雑草は滅んでいてなくなっているのではないかという意味とを仮定することができる。果たして来るべき未来に、人類は雑草に苦しめられ続けているのだろうか。それとも、雑草のない世界に暮らしているのだろうか。というのが「はじめに」で立てた問いであった。

未来のことは、誰にもわからない。

しかし、手がかりとなる物語がある。

「インターステラー」(二〇一四年公開)というSF映画では、異常気象により人類が滅亡の危機にさらされる近未来が描かれる。年代は明確にはわからないが、穀物の収穫はGPSと人工知能を搭載した農業機械が、すべて自動で行ってくれるような時代である。しかし、気候変動で大地は砂漠化が進み、人々は襲い来る砂嵐に怯《おび》えながら暮らしている。そんな中、農夫である主人公は、自分の息子にこう言うのである。「今日は納屋で除草剤抵抗性雑草についてレクチャーするぞ」。

来るべき未来。それが、植物が枯れ果てるような未来であっても、人々はスーパー雑草と戦い続けているのである。

人類はもう一万年も雑草と戦い続けてきた。この戦いが、ほんの数百年先になくなっているとは私には思えないのである。

第八章　理想的な雑草？

これまで見てきたように、雑草は、何気ない植物が、何気なく生えているわけではない。雑草になるためには特殊な能力を持っていることが必要なのである。雑草になることができる性質は22ページで紹介したように、「雑草性（weediness）」と呼ばれている。

それでは、「雑草性」とは具体的にどのようなものなのだろうか。

この章では、雑草の持つ特徴について復習してみることにしよう。

雑草学者のベーカーは論文「雑草の進化（The evolution of weeds）」の中で「理想的な雑草の条件」として、一二の項目を挙げている。

それでは、「理想的な雑草の条件」とはいったい、どのようなものなのだろうか。少し考えてみることにしよう。

ベーカーは、理想的な雑草の条件として、以下の項目を挙げている。
ベーカーの挙げた項目にしたがって、雑草の特徴を改めて整理してみることにしよう。

〈理想的な雑草の一二の条件〉

1. 種子に休眠性を持ち、発芽に必要な環境要求が多要因で複雑である
2. 発芽が不斉一《ふせいいつ》で、埋土種子の寿命が長い
3. 栄養成長が早く、速やかに開花に到《いた》ることができる
4. 生育可能な限り、長期にわたって種子生産する
5. 自家和合性であるが、絶対的な自殖性やアポミクティックではない
6. 他家受粉の場合、風媒かあるいは虫媒であっても昆虫を特定しない

7. 好適環境下においては種子を多産する
8. 不良環境下でも幾らかの種子を生産することができる
9. 近距離、遠距離への巧妙な種子散布機構をもつ
10. 多年生である場合、切断された栄養器官からの強勢な繁殖力と再生力を持つ
11. 多年生である場合、人間の攪乱《かくらん》より深い土中に休眠芽をもつ
12. 種間競争を有利にするための特有の仕組みをもつ

一つずつていねいに見ていくことにしよう。

「1. 種子に休眠性を持ち、発芽に必要な環境要求が多要因で複雑である」と「2. 発芽が不斉一で、埋土種子の寿命が長い」は、第三章で紹介した種子の戦略に関する項目である。

雑草にとってはいつ芽を出すかというタイミングで、成功できるか否かが決まってしまう。もし、タイミングを間違えれば、生存することはできないのだ。そのためのものが休眠である。しかもいつ芽を出すかという条件は、複雑である。休眠の特徴もバラバラであるし、土の浅いところか、深いところかによっても環境条件は異なるから、休眠からの覚め方や、それぞれの発芽のタイミングは、さらにバラバラになる。しかし、発芽のタイミングを待って

いて死んでしまっては元も子もない。そのため、種子は寿命をできるだけ長くし、来るべきチャンスを土の中でじっと待ち続けるのである。

「3．栄養成長が早く、速やかに開花に到ることができる」と「4．生育可能な限り、長期にわたって種子生産する」は、成長に関する特徴である。その特徴は「スピード」と「持続性」にある。

「スピード」は雑草の成功にとって重要なキーワードである。芽を出すまではじっくりとタイミングを見極めるのだ。しかし、雑草が生える場所はいつ何が起こるかわからない予測不能な環境である。そのため、一度、芽を出したら迷うことなくいち早く成長するのである。

もっとも、花を咲かせてそれで終わりではない。一つの花を咲かせたら、次の花を咲かすことを目指す。そして、もう一つ花を咲かす、というように可能な限り次々と花を咲かせていくのである。短距離を走るスプリンターだけでなく、持続して花を咲かせていく長距離ランナーとしての性格をあわせ持っているのである。

「5．自家和合性であるが、絶対的な自殖性やアポミクティックではない」と「6．他家受粉の場合、風媒かあるいは虫媒であっても昆虫を特定しない」は第五章で紹介した生殖生理の特徴である。自殖ができる「自家和合性」であることは、雑草の特徴である。また、自分の花粉を自分の雌しべにつけて受粉するのが「自殖」だが、「アポミクティック」というのは、受粉することなく、雌しべだけで種子をつけてしまうという特殊な性質だ。しかし、自殖だけでなく、他殖も行うことができるという幅の広さが雑草にはある。このように、選択肢を絞ることなく、さまざまなオプションを用意しているのが、雑草の本当にすごいところであることをベーカーは挙げている。さらに、虫がいないから受粉できないと、できない理由を見つけるのではなく、何が何でも種子を作るのである。

「7. 好適環境下においては種子を多産する」と「8. 不良環境下でも幾らかの種子を生産することができる」は、種子生産に関する項目である。

雑草にとってもっとも大切なことは、種子を生産することにある。8の項目として挙げられている、恵まれない条件の中で、ひっそりと花を咲かせて種子を残すようすは、私たちがイメージする道ばたのアスファルトに咲く雑草を連想させるだろう。まさに雑草の真骨頂である。しかし、雑草のすごいところは、それだけではないとベーカーは言う。条件が良いときには、良いなりにたくさんの種子を残すというのである。

条件が悪いときには悪いなりに、条件が良いときには、良いなりに種子を生産するというのは、当たり前のように思えるかも知れないが、そうではない。たとえば、私たちが栽培する野菜や花壇の花では、生育が悪いと小さなままで花を咲かせないことがある。あるいは、逆に肥料をやりすぎると茎や葉ばかりが茂って、肝心の花が咲かなかったり、実が少なくなってしまったりする。

しかし、雑草はどんな条件であっても、最大限のパフォーマンスで種子を残す。どんな状況に置かれても、種子を残すという目的はぶれることがないのである。

「9. 近距離、遠距離への巧妙な種子散布機構をもつ」と「10. 多年生である場合、切断された栄養器官からの強勢な繁殖力と再生力を持つ」は、繁殖に関する項目である。

ただ、種子を作るだけではない。さまざまな工夫で雑草は種子を散布する。そして、多年生の場合は、強い再生能力を持つのである。

雑草が生える場所は、変化をする不安定な場所である。種子を遠くへ散布することは、分布を広げるためだけではなく、リスクの分散もあるだろう。また、成長の過程で切られることも、折られることもある。しかし、そこで枯れてしまうほど雑草は弱くない。再び、芽を出し成長を始めるのである。それだけではない。切断された栄養器官から全て芽を出し、逆境を逆手にとって雑草は増殖してしまうのである。

「11．多年生である場合、人間の攪乱より深い土中に休眠芽をもつ」と「12．種間競争を有利にするための特有の仕組みをもつ」は生き残り戦略に関する項目と言えるだろう。

耕されたり、刈られたり。雑草の生存場所には様々な攪乱が起こる。もちろん、その攪乱に対応していくことは大切である。しかし、表面的な喧騒《けんそう》に巻き込まれることなく、人の手の届かない深いところでじっとやり過ごすことも有効な手段だ。地面の上に伸びていくばかりでは能がない。じっと死んだふりを決め込むときも必要なのである。

そして激しい競争を勝ち抜くために特別な仕組みを持つ。自分なりの武器や特異な戦い方を持たなければ、生き残ることは難しいのである。

もちろん、すべての雑草が、この一二の項目を満たしているわけではない。むしろ、このすべてを満たすような雑草は存在しない幻想であると言われているくらいだ。これは、あくまでも「理想的な雑草」の特徴である。

しかし、雑草はこのような特徴を持っているし、これらの特徴をいくつも持っている雑草は成功している。

何となく、人間の世界の成功にもつながるような項目にも思えるが、気のせいだろうか。

雑草になったユリ

雑草は何気なく生えているような気もするが、本当に雑草として振る舞うためには、「雑草性」が必要なのだろうか。

最近、道路や公園などで、誰かが植えたわけでもないのに、白いユリの花が群れて咲くのが目立つようになってきた。これが、雑草のユリであるタカサゴユリである。タカサゴユリは台湾原産の帰化植物である。

タカサゴユリは、テッポウユリから進化したと考えられている。テッポウユリは、園芸用のユリとして有名だが、もともと沖縄など南西諸島の海岸近くに分布する野生のユリである。この南西諸島の海の向こうに台湾があり、タカサゴユリが分布しているのである。

テッポウユリは海岸に自生する野生植物であるが、雑草として広がることはない。ところ

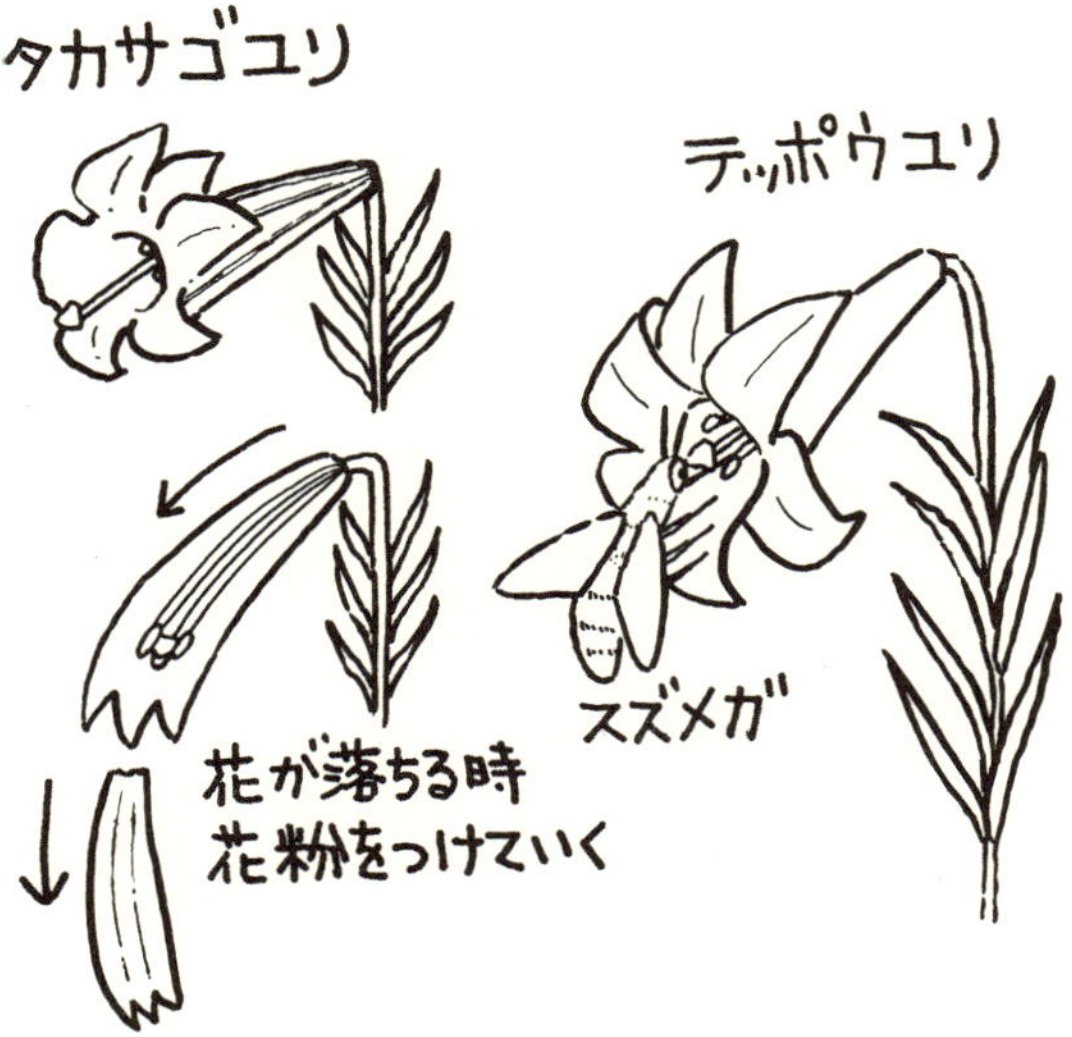

テッポウユリとタカサゴユリ

が、テッポウユリから進化したタカサゴユリは、雑草として広がっているのである。この違いはどこにあるのだろうか。

もっとも大きな違いは、種子から花が咲くまでの期間である。

現在、園芸種として改良されているテッポウユリは、球根で増やされており、種子はつけないが、野生のテッポウユリは種子で広がっていく。ただし、テッポウユリは種子が芽生えて花が咲くまでに三年の期間を必要とする。ところが、タカサゴユリは種子からわずか数か月で花を咲かせることができるのである。

また、テッポウユリの花粉を媒介するのは、スズメガというガである。テッポウユリは闇の中で目立つ白い色をしているし、夕方になると香りが強くなる。こうして、夜に活動するスズメガを呼び寄せるのである。しかし、スズメガがいない環境では受粉することができない。一方、タカサゴユリは自殖によって種子を作ることができる。タカサゴユリは、花びらの付け根がくっついていて、花が咲き終わると、花びらが雄しべや雌しべを包み込むようにして、地面に落ちる。このとき、雄しべと雌しべがくっついて、自家受粉を行うのである。

それだけではない。テッポウユリは一つの花が種子を一〇〇個くらいしかつけないのに対して、タカサゴユリはその一〇倍の一〇〇〇個もの種子をつける。こうして、タカサゴユリは次々に花を咲かせ、大量の種子をまき散らして増殖していくのである。

このようにテッポウユリと比べるとタカサゴユリは、雑草として優れた性質を持っている。テッポウユリからタカサゴユリへの進化の過程で何が起こったのかはわからないが、タカサゴユリは、ユリの仲間としては珍しい雑草となったのである。

最強の裏切り者

この世で「最強の雑草」と呼ばれるのは、どのような雑草なのだろうか。少し考えてみることにしよう。

151ページでは、「スーパー雑草」と呼ばれる除草剤の効かない雑草を紹介した。確かにスーパー雑草も最強の雑草の一つかも知れない。

しかし、もっとすごい雑草もある。

それが「雑草イネ」である。雑草イネは、「漏生《ろうせい》イネ」と呼ばれることもある。

作物のイネは、種子が落ちない「非脱粒性《ひだつりゅうせい》」という特徴を持つ。だから、たわわに実った重そうな稲穂が垂れたままイネは立っているのだ。野生の植物は種子を落とさなければ子孫を残すことができないから、この「非脱粒性」は植物としては、特殊な形質である。しかし、人間が収穫することを考えれば、種子が落ちてしまうと都合が悪い。そのため、種子が落ち

ない非脱粒性の形質を持つ個体を選抜して、作物に仕立ててきたのだ。

ところが、イネの中には、植物が本来持つ「脱粒性」が回復してしまう突然変異が起こるのである。脱粒性を獲得したイネは、田んぼに種子を播《ま》き散らす。そして、あろうことか、このイネが翌年、勝手に生えてきて田んぼの雑草となってしまうのである。それが「雑草イネ」である。

雑草化するとは言っても、イネなのだから、田んぼに生えていても問題にならないと思うかも知れない。しかし、そうではない。イネとして田んぼに生えていても、種子を落とすので、収穫するときには一粒もお米が残っていないことになる。そんなイネが、年々増えていってしまうのである。しかも、もともとイネだから、見た目に区別がつかず、他の雑草のように抜くこともできない。さらには、田んぼで使う除草剤で枯れることもないのである。

もっとも、普通の田んぼは田植えをして育てた苗を植えるので、勝手に生えてきた小さな雑草イネの芽生えが問題になることは少ない。しかし、最近では田植えの手間を省くために、田んぼに直接、種子を播く「直播《じかまき》」という方法が導入されていて、それらの田んぼでは、播いた種子と同じように生えてくる雑草イネが問題となっているのである。

雑草を作物として利用する

これまで紹介した「雑草性」は、雑草が雑草として成功するために、重要な性質であろう。雑草と作物とでは、対照的な性質もある。

たとえば、すでに紹介した脱粒性も作物と雑草を分ける大きな特徴である。「種子が落ちない」ことが重要な作物は非脱粒性を持ち、種子で増える雑草は、脱粒性を持つのである。

発芽が斉一で、成長がそろうということも作物を栽培する上では重要な特徴である。種子を播いてもバラバラ芽が出てきたり、収穫時期がまちまちでは農作業が大変である。

しかし、雑草はそろって芽を出しては全滅してしまう可能性がある。そのため、不斉一にだらだらと芽を出してくる方が良いと前述した。

このように作物と雑草とでは、性質が異なることがある。

しかし、成長が早かったり、生育が旺盛だったり、劣悪な環境に強かったり、種子をたくさんつけるという雑草の性質は、作物としても優れた性質である。そのため、雑草を上手く使えば、役にたつ植物として利用することができるかも知れない。

古くから人々は、雑草を利用してきた。

たとえば、「オーツ麦」の名前で知られるエンバクは、もともとはカラスムギという麦畑の雑草だった。しかし、麦がうまく育たないような場所や気候でも、雑草のカラスムギは旺盛に育つ。いっそのことカラスムギを栽培した方がいいと思ったのかどうかは、わからないが、カラスムギは栽培植物として改良されてオーツとなったのである。

ちなみにエンバクは漢字で「燕麦」と書く。これに対してカラスムギは「烏麦」と書く。つまり、烏（カラス）から燕（ツバメ）になっているのである。

栽培植物は野生の植物を改良して作られる。このように野生植物から改良されて作られた作物は「一次作物」と呼ばれる。

これに対して、エンバクは野生植物から、雑草としてのカラスムギが進化をし、さらに雑草のカラスムギを改良して作物が作られている。このように雑草として進化した植物から作物になったものは「二次作物」と呼ばれている。

「ライ麦パン」の材料になるライムギも、エンバクと同じようにもともと麦畑の雑草だったものが、作物として利用されるようになったものである。

また、「ハト麦茶」の材料となるハトムギも、雑草のジュズダマを改良して作られた二次作物である。

もっとも、一次作物、二次作物という分類はあっても、作物が作られたのは人類が農耕を始めたばかりの遠い昔のことだから、どうやって作物が作られたのかはわかっていないものも多い。

たとえば、雑穀のアワは、雑草のエノコログサと近縁であることが知られているが、共通の野生植物の祖先から作物のアワと、雑草のエノコログサがそれぞれ発達したのか、それとも雑草のエノコログサを改良して作物のアワが作られたのかは、よくわかっていない。

雑草の利用

雑草が持つさまざまな特性は、うまく利用すれば役に立つのではないか、そんな視点の研究もある。

たとえば、雑草の中には乾燥に強いものがある。それらの雑草は砂漠の緑地化に利用できるかも知れない。

また、都会では、ヒートアイランドが問題になっている。土が少ない都会でも、雑草であれば生育し、緑を提供してくれるかも知れない。屋上緑化には高温や乾燥に強いセダムと呼ばれる種類の植物が植えられるが、セダムの中には、メキシコマンネングサや、ツルマンネングサ、タイトゴメなど、道ばたや畑に見られる雑草種もよく用いられている。灼熱《しゃくねつ》の太陽が照りつける屋上では、過酷な環境に耐える雑草が、活躍しているのである。

また、雑草は手入れをしなくても成長する。

窓の外や建物の壁をツル植物で覆って日よけをする「緑のカーテン」に用いられる宿根《しゅっこん》アサガオは、標準和名をノアサガオという雑草である。また、管理の手間がかからない芝生として注目されているノシバやギョウギシバ（バミューダグラス）は、道ばたや荒れ地にもふつうに見られる雑草である。

さらに雑草は、吸収力が強く、畑の栄養分を奪い取る。

この特性を活かせば、汚れた水の養分を吸収して、水質を浄化してくれるかも知れない。あるいは、富栄養化した土地や汚染された土地の養分を吸収してくれるかも知れない。

雑草には、まだまだ秘められた可能性があるのである。

雑草とは……

すでに紹介したように、雑草は「望まれないところに生える植物である」と定義されている。つまりは邪魔者である。

しかし、アメリカの哲学者ラルフ・W・エマーソン（一八〇三―八二）は、雑草を以下のように定義した。

「雑草とは、いまだその価値を見出されていない植物である」

雑草は、役に立たない邪魔者と烙印《らくいん》を押されて、初めて「雑草」となる。道ばたに生える名もない草を、「役に立たない邪魔者」と考えれば、それはただの雑草に過ぎないが、それはまだ見ぬ価値ある植物なのかも知れない。雑草かどうかを決めるのは、私たちの心なのである。

これは何も、雑草だけの話ではない。エマーソンは、私たちが雑草の価値を見つけられずにいるように、私たちの身の回りには価値あるものにあふれているはずだ、と言っているのだ。価値あるものは、どこか遠くにあるわけではない。それは、私たちの足元にあるのかも知れない。そして、もしかすると、見出されていない価値は、あなた自身の中にあるかも知れないのである。

第九章　本当の雑草魂

雑草は踏まれても……

雑草の話をしよう。

そう言うと、また、「雑草のように耐えて頑張れ」とよくある説教をするのだろうと嫌われてしまうかも知れないがそうではない。

「雑草は踏まれても踏まれても□」と言われる。この四角い空欄の中には、どんな言葉が入るだろうか。

よく言われるのは、「踏まれても踏まれても立ち上がる」という言葉である。

だから、「雑草のように何があっても立ち上がれ」などと言うつもりはない。なぜなら、本当は、踏まれた雑草は立ち上がらないからである。

雑草を観察していると、雑草は踏まれても立ち上がるというのは、正しくないことがわかる。

雑草は、踏まれたら立ち上がらない。よく踏まれるところに生えている雑草を見ると、踏まれてもダメージが小さいように、みんな地面に横たわるようにして生えている。

「踏まれたら、立ち上がらない」というのが、本当の雑草魂なのだ。

たくましいイメージのある雑草にしては、あまりにも情けないと思うかも知れない。

しかし、本当にそうだろうか。

そもそも、どうして立ち上がらなければならないのだろう。

雑草にとって、もっとも重要なことは何だろうか。それは、花を咲かせて種子を残すことにある。そうであるとすれば、踏まれても踏まれても立ち上がるというのは、かなり無駄なことである。そんな余分なことにエネルギーを使うよりも、踏まれながらどうやって花を咲かせるかということの方が大切である。踏まれながら種子を残すことにエネルギーを注ぐ方が、ずっと合理的である。だから、雑草は踏まれながらも、最大限のエネルギーを使って、花を咲かせ、確実に種子を残すのである。

踏まれても踏まれても立ち上がるやみくもな根性論よりも、ずっとしたたかで、たくましいのである。

雑草は踏まれたら立ち上がらない。

しかし、「雑草は踏まれても踏まれても、必ず花を咲かせて種子を残す」。

大切なことは見失わない生き方。これこそが本当の雑草魂なのである。

もちろん、私たち人間は子孫さえ残せればそれで良いというほど単純な生き物ではない。

それでは、あなたにとって大切なこととは何だろう。幸いなことに人間は、それを考える脳を持っている。人間にとっては、大切なことを探すことも、また生き方なのである。

ナンバー1か、オンリー1か

人気グループであるスマップのヒット曲「世界に一つだけの花」に、こんな歌詞がある。

「ナンバー1にならなくてもいい。もともと特別なオンリー1」

この歌詞に対しては、二つの異なる意見がある。

一つは、この歌詞のとおり、オンリー1が大切という意見である。

世の中は競争社会だが、ナンバー1にだけ価値があるわけではない。私たち一人ひとりは特別な個性ある存在なのだから、それで良いのではないか、という意見である。

一方、反対の意見もある。世の中が競争社会だとすれば、やはりナンバー1を目指さなければ意味がない。オンリー1で良いと満足していてはいけないのではないか、という意見である。

オンリー1か、それともナンバー1か。あなたは、どちらの考えに賛成するだろうか。

じつは、生物の営みを見回してみると、自然界には、この歌詞に対する明確な答えが示されている。

ナンバー1しか生きられない

生物の世界の法則では、ナンバー1しか生きられない。これが、厳しい鉄則である。

「ガウゼの法則」と呼ばれるものである。

ソ連の生態学者ゲオルギー・ガウゼ（一九一〇―八六）は、ゾウリムシとヒメゾウリムシという二種類のゾウリムシを一つの水槽でいっしょに飼う実験を行った。すると、水や餌が豊富にあるにもかかわらず、最終的に一種類だけが生き残り、もう一種類のゾウリムシは駆

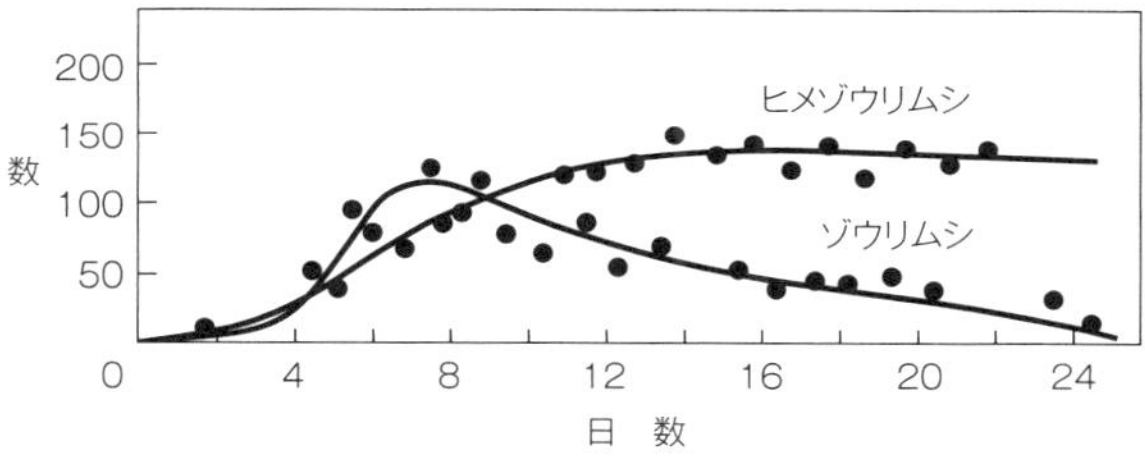

２種類のゾウリムシは共存できない

逐されて、滅んでしまうことを発見した。こうして、強い者が生き残り、弱い者は滅んでしまう。つまり、生物は生き残りを懸けて激しく競い合い、共存することができないのである。

ナンバー1しか生きられない。これが自然界の厳しい掟《おきて》である。自然界でナンバー2はあり得ないのである。なんという厳しい世界なのだろう。

しかし、不思議なことがある。

ナンバー1しか生きられないのであれば、この世には一種類の生き物しか存在できないことになる。それなのに、自然界を見渡せば、さまざまな生き物が暮らしている。ナンバー1しか生きられない自然界に、どうして、こんなにも多くの生物が存在しているのだろうか？

棲み分けという戦略

じつは、ガウゼの実験には続きがある。

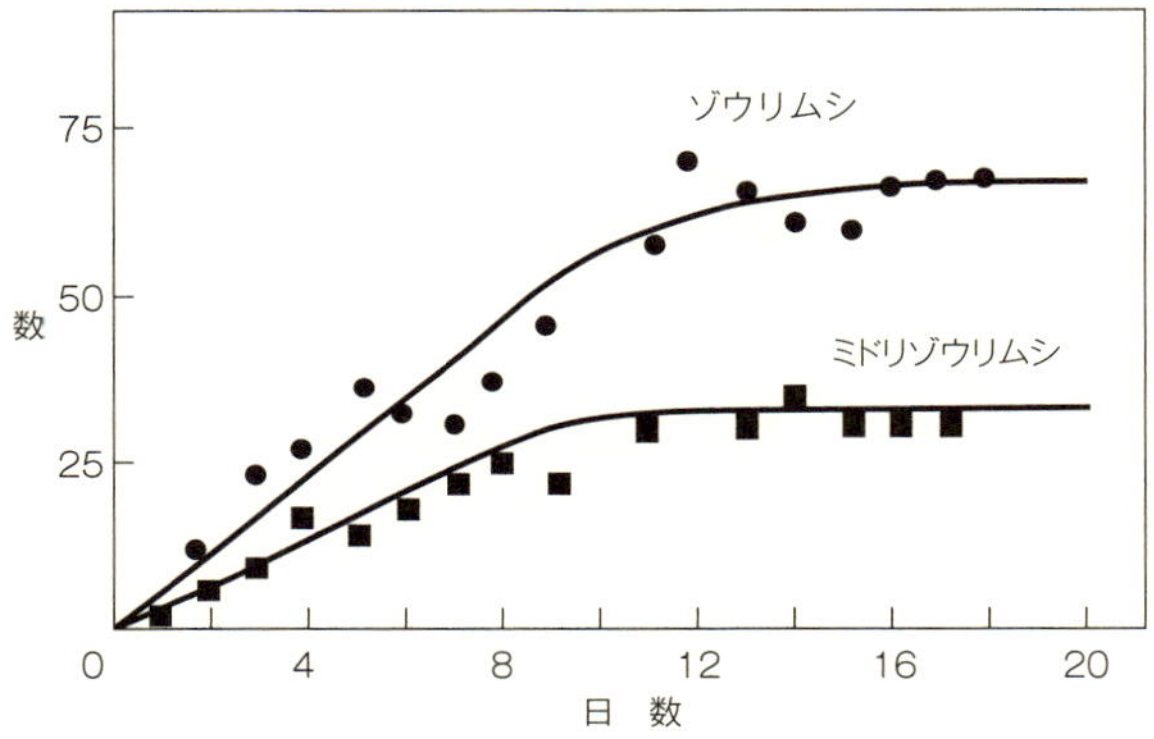

互いにナンバー1であれば、共存できる

ゾウリムシの種類を変えて、ゾウリムシとミドリゾウリムシで実験をしてみると、今度は、二種類のゾウリムシは一つの水槽の中で共存をしたのである。

どうして、この実験では二種類のゾウリムシが共存しえたのだろうか。

じつは、ゾウリムシとミドリゾウリムシは、棲《す》む場所と餌が異なるのである。ゾウリムシは、水槽の上の方にいて、浮いている大腸菌を餌にしている。一方、ミドリゾウリムシは水槽の底の方にいて、酵母菌を餌にしている。

このように、同じ水槽の中でも、棲んでいる世界が異なれば、競い合う必要もなく共存することが可能なのである。つまり、水槽の上のナンバー1と水槽の底のナンバー1というように、ナンバー1を分け合っているのだ。これが「棲み分け」と呼ばれるものである。

同じような環境に暮らす生物どうしは、激しく競争し、ナンバー1しか生きられない。しかし暮らす環境が異なれば、共存することができるのである。

ナンバー1しか生きられない。これが自然界の鉄則である。それでも、こんなにもたくさんの生き物がいる。つまり、すべての生き物が、どこかの部分でそれぞれナンバー1なのである。

ナンバー1であることが大事なのか？　オンリー1であることが大事なのか？

この答えはもうおわかりだろう。

すべての生物はナンバー1である。そして、ナンバー1になれる場所を持っている。この場所はオンリー1である。つまり、すべての生物はナンバー1であると同時に、オンリー1なのである。

このナンバー1になれるオンリー1の場所を生態学では、「ニッチ」という。ニッチはそれぞれの生物が固有に持つものである。ニッチは場所の場合もあるし、餌の場合もあるし、環境の場合もある。「ニッチ」とは、もともとは、装飾品を飾るために寺院などの壁面に設けたくぼみを意味している。やがてそれが転じて、生物学の分野で「ある生物種が生息する範囲の環境」を指す言葉として使われるようになった。生物学では、ニッチは「生態的地位」と訳されている。一つのくぼみに、一つの装飾品しか飾ることができないように、一つのニッチには一つの生物種しか住むことができない。

マーケティングではニッチ戦略というと、小さな隙間のような意味として使われるが、生物にとっては単に隙間を意味する言葉ではない。すべての生物が自分だけのニッチを持っている。大きいニッチもあれば、小さいニッチもあるが、ジグソーパズルのピースがぴったりと組み合わさるように、生物はニッチを分け合っている。仮にニッチが重なれば、重なったところでは激しい競争が残り、どちらか一種だけが生き残る。まさにゾウリムシの実験が示したとおりだ。

雑草は、競争を避けて撹乱《かくらん》のあるところに生えるというのが、生存戦略だ。しかし、雑草の中にもさまざまな種類がある。植物は集まって生えているので、どのようにニッチを分け合っているのかわかりにくいが、無秩序に生えているように見える草むらであっても、植物がニッチを分け合って共存していると考えられている。

ナンバー1になれるオンリー1の場所を探す

勘違いしてはいけないのは、オンリー1のナンバー1を目指すという先述の話は、「生物の種」の話ということである。たとえば、私たちは人間という種であり、おそらくは知能を発達させて自然を都合よく作り変えるというオンリー1でナンバー1の種ということになるのだろう。

私たち一人一人は、生物種の中の「個体」だから、種という集団の中で、必ずしもニッチを棲み分けなければならないということではない。

しかし、ナンバー1になれるオンリー1を探すという生物の世界の営みは、生きづらい人間の現代社会を生き抜くのに、とても役に立つ考え方であるように思う。

自然界の競争によく似ているのは、芸能界である。

芸能界は「キャラが被《かぶ》る」ということを嫌う。番組の中で同じキャラの人は二人はいらない。キャラが被ると、出演できる番組の数はそれだけで減ってしまう。そして、個性が失われ、やがてはどちらかだけが生き残り、どちらかは無情にも芸能界から消えてしまうのである。

たとえば、AKB48やモーニング娘。などのアイドルユニットの中には、たくさんのメンバーがいるが、それぞれが個性ある存在である。そして、演歌を歌うメンバーがいたり、将棋が出来るメンバーがいたり……とそれぞれが、キャラを立たせている。まさに誰もがナンバー1である。もちろん、ＡＫＢ48などは、総選挙などでナンバー1を争っているが、何か限られた種目で争っているというわけではない。もし、これが歌やダンスのうまさを競うようなコンテストであれば、優勝できる人が決まってきてしまう。これでは面白くない。個性を磨き合い、競い合うから面白いのである。

また、ジャニーズのアイドルグループは、誰もがかっこよくて、ダンスがうまくて、スポーツができるというメンバーが集まっている。しかし、みんなが同じではいけない。そのため、グループの中では「おふざけキャラ」や「人がいいキャラ」「クールなキャラ」「リーダーキャラ」「愛されキャラ」のようにキャラ分けして、バランスを取っている。グループとして、まとまっていながらも、一人一人は同じではない。これが、人気のあるアイドルグループの魅力である。

苦手なことも個性になる

キャラ作りという点でわかりやすいのがお笑い芸人だろう。お笑い芸人の人たちは、他のお笑い芸人と区別してもらうために、印象に残りやすいさまざまなキャラ作りをして、個性を出そうとしている。

また芸能人の中には、アイドルなのに歌が下手だとか、バンドマンなのに楽器が弾けないとか、ブサイクだとか、仕事がなくて落ち目だとか、常識で考えたら、致命的な欠点ではないかと思えるようなことを魅力として、人気を得ている人もいる。

けっして、誰もが思うようなナンバー1である必要はない。

個性を磨くときには、「こうあるべき」という常識を疑って、捨ててみることも大切だろう。雑草も、「生き抜くには競争に強くならなければならない」「光を得るためには、縦に高く伸びなければならない」という常識とは違うところで成功しているのである。

生物は不均一でバラバラである。しかし、それでは理解するのに不便なので、人間は平均値を取る。そして平均値で、その集団を代表させるのだ。学力テストのような数値のまとまりでは平均値を出すことはできる。しかし、それは学力テストという一本の物差しで測っただけの数値だ。生物は、もっとたくさんの物差しを持つ個性的な存在である。平均値は、人間が管理するのに都合が良いように、一本の物差しだけを取り出して計測し、足して、割っただけの数値に過ぎない。そして、平均値から、あまりに外れた値は、「異常値」として棄却する。しかし、得てして平均値から遠く離れた異常値が生き残ったり、新たな進化を生む原動力になったりするのが生物の世界だ。

雑草の世界を見てほしい。小さいものも大きいものもある。早く芽を出すものも、遅く芽を出すものもある。雑草にとって大切なのは、それぞれが「違う」ということで、どれが優れていてどれが劣っているということではない。「個性」には平均的な個体もなければ、平均以下という言葉もないのだ。

あるいは私たちは、よく「普通」という言葉を使う。しかし、「普通」とは何だろう。平均値が普通なのだとしたら、「普通」というものは、存在しない。「普通」というのは幻の存在なのだ。

人間の世界では、「普通」というのは、「こうあるべき」という存在だったりする。人間の思う「こうあるべき」の凝り固まった塊が「普通」である。

しかし、雑草は、「こうあるべき」でないところで勝負して、成功しているのである。

あなたがナンバー1になれること

あなたが、ナンバー1になれることは何だろうか。

これを見つけることは簡単ではないかも知れない。しかし、あなたがナンバー1になれる簡単な方法がある。

もっとも簡単にナンバー1になれる種目は、「あなたらしさ」である。「あなたらしさ」という種目で、あなたにかなう人はいない。そうだとすれば、「あなたらしさ」を磨き、「あなたらしさ」を高めることが、ナンバー1になるもっとも近道ということになる。

もっともやってはいけないことは人と比較することだ。誰かを目指している限り、あなたはナンバー1になれることはないのだ。

誰しも得意なことはある。努力しなくても、簡単にできてしまうこともあるし、努力してもなかなかできないこともある。努力しなくても、できてしまうことを徹底的に努力するというのも、ナンバー1になる一つの方法だろう。

皮肉なことに、好きでもないのになぜかできてしまうことと、好きなのになかなかできずに苦手なことということもある。できれば、好きなことを選びたい。あるいは、得意なことなのに、絶対に勝てそうにないライバルがいることもある。

そんなとき参考になるのが、生物の「ニッチシフト」だ。

ナンバー1になれるオンリー1の場所がニッチである。それは、自分の得意なことや、好きなことになる。そこで、少しずつずらしながら、その周辺で自分のニッチを探すのだ。好きなのに苦手なことは、少しずらせば、得意なことになるかも知れない。得意なのに好きでもないことは、少しずらせば、好きなことになるかも知れない。

「ずらしてみる」というのは生物にとって、重要な戦略である。

すべての生物は、そうやってずらしながら、ナンバーワンになれるニッチを求めているのである。

そして、生物は助け合う

生物は常に激しく競争し合っている。

しかし、どうだろう。

植物は昆虫に蜜を与えて、その代わりに花粉を運んでもらっている。このような共生関係が、自然界にはたくさん見出される。

自然界には、何の法律も道徳もない。ルール無用の無法地帯だ。生き馬の目を抜くような激しい競争や、だましだまされの応酬が繰り広げられている。けっして誰からも「助け合わないといけません」と教わっているわけではない。それでも、生物たちは助け合い、バラン

誰にも居場所と役割がある

スを保ちながら生態系を作り上げている。

植物の花と、花粉を運ぶ昆虫は助け合っているように見えるが、別にお互いのことを想い合っているわけではない。昆虫は自分のために蜜を集めているだけだし、植物も花粉を運ばせようと企てているだけだ。すべての生物が自分のことだけを考えて利己的に振る舞っている。しかし、人間が見ると、それは助け合っているようにしか見えない。

「一人勝ちでは生きていけない」「助け合った方が得である」これが、激しい競争社会の中で三五億年の生物の進化が導き出した答えである。

何の道徳心もない自然界で選び抜かれた戦略の、何と道徳心に満ちていることだろう。

こうして、ナンバー1の生物たちは互いに関係し合い、助け合って暮らしている。

そして……生物たちのオンリー1のニッチは、そのまま生態系の中でオンリー1の役割になる。

自然界を見回せば、いかにも強そうに見える生物もいれば、かわいそうなくらい弱そうな生き物もいる。立派な生き物もいれば、つまらなく見える生き物もいる。しかし、その生物のすべてがナンバー1の存在である。そして、そのどれもがオンリー1の役割を持っていて、どの生物が欠けてもバランスが崩れて成り立たなくなってしまうようなつながりが作られている。それが、「生態系」である。

自然界の営みの、何と輝いて見えることだろうか。

これは生物の種の話であるが、私たち人間の世界もきっとそうなのだと私は信じている。この世に生まれた誰もが、どこかでナンバー1であり、どこかでオンリー1の役割を果たしている。そして誰もが欠けてはならない存在なのだ。

あなたは幸運である

この本を読んでいるあなたは幸運である。

けっして、この本を読んでいるからではない。この世に生を受けたことが幸運なのだ。

多少、運が悪いと思ったり、嫌なことがあっても、あなたは幸運の一粒なのだ。


そこら中に生えている雑草は、どれも成功しているように見えるかも知れない。

それでは、雑草はどれくらいの種子をつけるのだろうか。

作物では、コムギは三〇〇粒、イネは一〇〇〇粒の種子をつける。しかし、雑草は、そんなものではない。何万、何十万もの種子をつけている。もし、その種子がすべて芽を出したとしたら、どうなるだろうか。この世は雑草で覆い尽くされてしまうだろう。

実際には、何万、何十万もの種子の中で、無事に芽を出して、成長を遂げているのは、ほんの数粒に過ぎないのだ。

私たちの身の回りにある雑草は、どれも選ばれたものたちなのだ。この世に生えている雑草は、何という幸運だろう。

しかし、それは私たちも同じである。私たちの生まれた確率はどうだろう。

男性が持つ精子は、一回の射精で数億個も放出される。皆さんは、その数億個の中から選ばれた、たった一個の精子だったのである。もちろん、一回の射精だけで必ず、受精ができるわけではない。そう考えれば世界中の人の中で、たった一人選ばれた、それ以上の幸運である。

女性が持つ卵子の元となる原始卵胞は、二〇〇万個ある。あなたは、この二〇〇万個の中から選ばれた卵子と、精子との組み合わせで作られた。なんという確率だろう。

それだけではない。世の中に数十億人ずつ男と女がいる中で、あなたの父親と母親が出会い、そしてあなたが生まれた。もしあなたの両親が出会わなければ、あなたは存在しない。そして、精子と卵子の組み合わせであなたの両親が生まれた確率も、限りなく低い。もし、あなたの祖父母が出会わなければ、皆さんの両親は生まれていないし、精子と卵子の組み合わせで、その祖父母が生まれた確率も限りなく低い。

私たちの遺伝子は遠く類人猿の祖先や、脊椎動物の祖先や、単細胞生物へとつながっている。まるで奇跡のような遺伝子の組み合わせの連続。三五億年の生命の歴史の中でどの組み合わせが違ったとしても、あなたはこの世に存在しない。

もう宝くじが毎回当たったよりも、ずっと低い確率であなたは存在している。これはまさに奇跡である。あなたはそれほどの幸運の持ち主なのだ。そして、私たちは生を受けることのなかった多くの存在の代表として、この世を生きている。

この世に存在するすべての生命が、ほんの偶然で今の時代に居合わせている。それは、食べたり食べられたり、競ったり奪い合ったりしているように見えるかも知れないが、すべてが奇跡のような命の輝きなのだ。

おわりに――ある雑草学者のみちくさ歩き

「どうして、雑草を研究するようになったんですか」

そう、よく聞かれることがある。

害虫を研究していますとか、風邪のウイルスを研究していますと言えば、良い研究をしていますねと言われるし、英語を勉強していますとか、経済学を勉強していますと言えば、「どうして」などと聞かれることもないだろう。

それだけ「雑草学」が珍しいということもあるだろうし、そんなこと研究して何になるのかという気持ちもあるのだろう。もちろん雑草の研究は、農業や緑地管理をする上では大切なのだが、雑草を研究しているというと、まるでUFOでも研究しているような、酔狂な人に思われることもある。

どうして私は雑草を研究するようになったのだろう。

本書は、若い人に向けた本である。また、私の本は入試に多く使われることが多くなり、「入試にもっとも多く使われた著者」となったこともあって、若い読者の方に本を読んでもらう機会も増えた。

最近では、私の本を読んでくれている若い読者の方から、「どうして、雑草を研究するようになったんですか」と聞かれることも多い。

私が若かった頃は、年配の方から昔話を聞かされるのは、あまり気持ちの良いものではなかった覚えがあるから、若い人たちに昔の話をすることは好きではないが、もしかしたら参考になることが少しはあるかも知れない。

私の進んできた道は、「みちくさ」だらけの道である。悩みながら、失敗だらけの曲がりくねった道である。しかし、今、振り返れば無駄になることは何一つなかった。振り返ってみればまっすぐな道である。

小さい頃から、雑草が好きだったわけではない。校庭の草取りをさせられるのはいやだったし、男の子だったから、草花遊びをするよりは、虫捕りをする方が好きだった。

しかし、今思えば、「雑草」という言葉には惹《ひ》かれていたかも知れない。卒業の寄せ書きなどでは、クラスに一人は必ず「雑草のように」と書く生徒がいるという。私も高校の卒業文集には、「気分はカラスムギ」と植物のたくましさを書いた覚えがある。受験勉強をしていた頃、きっと「雑草のたくましさ」は私の心に響く言葉だったのだろう。

高校で進路を考えたときも、研究者になりたいと強く思っていたわけではない。「歌って踊れる科学者になるのだ」とバンドをしている友人が豪語していて、何となく学者ってカッコいいものだと思った程度である。

バイオテクノロジーが注目されている時代でもあったので、植物学が面白いと思って、理学部に行こうかと何となく考えていた。歌って踊れる科学者を目指していた友人が志望する大学の先生に質問の手紙を書いたら、「君のような人に来てもらいたい。待っている」という熱い返事が返ってきたという話を聞いて、真似をして志望校に手紙を書いたら、「君は理学部ではなく、農学部へ行った方がいい」と返事が来た。まるで昔話に登場する、正直じいさんを真似するいじわるじいさんである。

かくして私は農学部を受験することに決めた。受験の数か月前のことである。

大学では作物学を専攻した。

作物学を専攻した理由は、世界の食糧問題を救い、日本の水田農業を守るのだ、という作物学の講義の熱弁にほだされたからだったが、研究室では、畳表の原料となるイグサに興味を持ってしまった。針のような葉だけを突き出した奇妙な姿に興味をそそられたのである。

研究室でイグサの観察をしていると、鉢のすみから、イグサに似ている感じもするが、明らかにイグサとは異なる芽が出てきた。雑草である。指導教官に「これは何ですか?」と尋ねると、植物は花が咲けば、図鑑で調べることができるから、花が咲くまで置いておきなさいと言われた。

イグサは作物だから、どういう風に育つかは教科書にも書いてある。ところが、横から出てきたこの草が、いったいいつどのような花を咲かせるのかは、まったくわからない。毎日イグサの観察をしにいくうちに、すっかりイグサの横で成長する植物のアナザーストーリーの方が気になるようになってしまった。そして、いつの間にか、この名もない草に心を奪われていたのである。この草の名は、イグサ科のコウガイゼキショウ。けっして珍しいわけではなく、ありふれた雑草だ。しかし、私にとっては、最初に図鑑で調べた記念すべき雑草である。

もし、あのとき指導教官が「これは、コウガイゼキショウだよ」とすぐに答えを教えてくれたとしたら、私は雑草研究者になるようなことはなかっただろう。もし、指導教官が、コウガイゼキショウの名を知っていて、あえて私に観察させたのだとしたら、相当の名伯楽だと思う。

今、学生に教える立場に立った私は「教える力」と「教えない力」を意識している。教えるのは簡単だ、知っていることは教えたい。しかし、教えない力が私を育ててくれた。先生が教えない部分は、自然が教えてくれるし、自分から学ぶ。「自然こそが真の教師なのだ」

小学校のときに読んだ科学の本に、「このことを、今の君たちにわかるように教えることはできない。しかし、みんなが勉強を続けていけば、きっとわかる日が来るよ」と書いてあった。説明できないなら、わざわざ本に書かなければ良さそうなものなのに、私の心のどこかにこの一節は引っかかっていたのだろうか。高校の理科の授業で、その答えが、ふっとわかったときに、その本を読んだときのことを思い出して、脳みそが揺さぶられるほど感動した。教わらないことの方が学ぶことが大きいときもあるのだ。

大学院に進むときに、ちょうど、雑草学研究室が新設されることになり、私は大学院で雑草学を学ぶことになった。

誰にでも恩師と呼べる人がいる。

私が雑草学を学ぶにあたって、恩師と呼べる人が三人いる。

恩師の一人は、研究室の創設者であり、指導教官である沖陽子先生だ。沖先生は、「雑草の性質を逆手に取って雑草を利用する」という研究を進めていた。沖先生は学生の自主性を重んじる方で、とにかく好きなテーマを好きなように研究することを許してくれたから、興味に任せて手当たり次第に調査や実験をした。そんな研究室だったので、私たち学生は、好き勝手に雑草学を勉強している気になっていたが、「雑草の利用」や「雑草の特性は人生観に通ずる」「雑草とは未だ価値を見出されていない植物であるというエマーソンの言葉」という、本書でも紹介した私の礎となっている雑草観は、じつは沖先生が、学生に伝えたいと思っていた雑草の見方や考え方であったと最近になって知った。

学生たちは、めいめいが自分勝手なテーマで自由に雑草学を学んでいるつもりだったが、何のことはない、仏さまの手のひらから出ることのできなかった孫悟空のように、私たちもまた、沖先生の手のひらの上で学んでいたに過ぎなかったのである。なんというスケールの大きさだろう。私にはとても真似ができない。

当時、私の大学の付属の研究所にはもう一つ雑草学の研究室があって、そこにいらしたのが榎本敬《えのもとたかし》先生である。榎本先生は植物分類学の専門家で、雑草の分類を教わった。雑草観察に連れて行ってくれては、そのままタダ酒を飲ませてくれるので、私たち学生は榎本先生になついて、その研究室にも出入りしていた。思えば、酒をエサにして学生たちに学問のあり方を教えてくれた先生だった。雑草学を学び始めたばかりの私は、それこそ雑草といってもタンポポくらいしか知らない程度で、大先生である榎本先生に、「オヒシバとメヒシバはどこで見分けるんですか?」などと、今思えば顔から火が出るほどトンチンカンな質問をしていた。

オヒシバとメヒシバというのは、同じイネ科ではあるが、名前が似ているだけで、見慣れれば、その姿はまるで違う。少し雑草を知っている人であれば、「オヒシバとメヒシバはどこが一緒なんですか?」と聞きたいくらいだろう。

しかし、榎本先生は嫌な顔一つせず、オヒシバとメヒシバの区別のポイントを教えてくれた。これは、相当にすごいことである。

「お父さんの顔とお母さんの顔とは、どこで区別しますか?」と尋ねられたら、皆さんは何と答えるだろう。お父さんとお母さんの顔を見間違えることはないだろう。まるで違う。しかし、それを「お父さんは右目の下にほくろがあって、……」と説明してくれるようなものなのだ。中途半端に知っているだけでは、わかりやすく教えることはできない。深く詳しく知って、初めてわかりやすく教えられるのだ。

「むずかしいことをやさしく、やさしいことをふかく、ふかいことをおもしろく、おもしろいことをまじめに、まじめなことをゆかいに、そしてゆかいなことはあくまでゆかいに」という井上ひさしさんの言葉があるが、榎本先生の野外授業はまさにこれだった。「実の生《な》らない雑草はない」榎本先生にいただいた言葉は、現在の私の座右の銘でもある。

三人目の恩師が中筋房夫先生である。中筋先生は応用昆虫学の先生であるが、雑草学研究室を創設した沖先生が当時、まだ助教授（現在の准教授）だったため、名簿上、指導教授となっていた。じつは雑草学を学びたいと思っていたとき、私はすでに留学することが決まっていた。それをキャンセルして、新設したばかりの雑草学研究室に進むことは、じつはスケジュール的な問題や大学のルールに照らし合わせて難しいことだった。しかし、「やりたい勉強をさせてやれば、いいではないか」と中筋先生が他の先生方を粘り強く説得してくれた。中筋先生がいなければ、雑草学者としての今の私は存在しない。

中筋先生は、本当に研究を愉《たの》しみ、学生を大切にしてくれる先生で、昆虫の話をいつも楽しそうにされていた。自然は未知の現象にあふれているということを教えてくれた先生である。そんな中筋先生の応用昆虫学の研究室は、出来の悪そうな学生が入っても、みんな卒業するときには優秀になってしまうという、本当にアクティビティの高い研究室だった。中筋先生は、私たち雑草学研究室の学生のためにもゼミを開いてくれて、「それはどういうこと?」「それは、どうして?」と私たちが常に学びを深めることができるような問いかけをしてくれた。また、「昆虫から見た雑草」という広い視座を私に与えてくれたのも中筋先生である。中筋先生は農薬のみに依存し過ぎずにさまざまな防除方法を組み合わせるというIPM（総合的害虫管理）という当時、世界的にも新しかった分野を専門に研究されていて、これは後にIWM（総合的雑草管理）へと発展した。私の後の研究テーマにも大きな影響を与えてくれた先生であった。

恩師というのは、ありがたいものである。いくら感謝しても感謝しきれない。

若いときには、一つの道を進むのもいいが、色々なところに寄り道しながら歩くのも悪くない。私の人生はみちくさを食ってばかりの人生である。

じつを言うと、私は大学を卒業してから、雑草学を仕事として研究したことはない。

大学院を修了して、就職した先は東京のど真ん中の霞《かすみ》が関《せき》にある農林水産省だった。当時、農学部から農林水産省へ採用される人は、研究者になる人と官僚になる人とに分かれたのだが、私は官僚として霞が関に配属されたのである。慣れない都会暮らしと、慣れない仕事とで疲れ果てて帰宅することもあったが、そんなとき励ましてくれたのが、都会をたくましく生きる雑草だった。私が雑草の戦略と、人生の戦略を強く意識して、雑草を観察するようになったのは、東京での生活があったからである。

農林水産省の仕事は、雑草とは何の関係もなかったけれど、勉強になることが多く、とても面白かった。ただ、一度しかない人生であれば、自分の一生のうちに研究をやってみたいという気持ちもあった。しかも、私が入省した平成五年は、記録的な大冷害で全国の水田が壊滅的な被害を受けて、一粒も輸入しないと言っていた米を、緊急輸入した年だった。ところが、東京の霞が関で仕事をしていた私は田んぼを見る機会がなかった。そんなこともあって、自分は田んぼの見られる場所で仕事がしたいと何となく思うようになったのである。

その後、私は故郷の公務員の試験を受け直して県の職員になった。本当は県の研究機関に行きたかったけれど、そこで担当になったのが、畜産の指導員だった。指導員とは言っても、牛もまともに見たことがないくらいだったから、農家の人に教わってばかりだった。ただ、牧草地も雑草に困っていたから、雑草なら何とかしましょうと、雑草対策に取り組んだ。

念願の県の研究機関に異動したが、雑草の研究テーマに取り組んだことはなかった。最初に担当したのはバイオテクノロジーを使った新しい品種の育成や種苗の増殖だったし、植物の細胞から観測されるバイオフォトンという微弱な発光の研究にも取り組んだ。土壌肥料を担当する部署にもいたし、害虫を防除する研究も担当した。

こんな感じだから、じつを言うと、まともに雑草の研究をしていた時期などほとんどない。こんなにみちくさを食っているのに、不思議なことに今、振り返れば何一つ無駄なことがないから、人生というのは面白い。

花の育種の研究では、早く成長するという雑草のユリの特性を活かして早く咲くユリを育成したり、バイオフォトンが雑草の除草剤反応の計測に使えることを見出した。害虫退治も、餌となる雑草を退治すれば劇的に減らすことができた。

雑草学という軸足を持っていたおかげで、どんな分野でも思い切って研究をして成果を得ることができたように思う。サッカーボールを蹴るときも大切なのは蹴る方の足ではなく、軸足である。「雑草学」が私の軸足だった。この軸足があるから、私にとってはどんな勉強も、「雑草学」を深めるものだったのである。

もし、私が大学を出て、そのまま希望どおりに雑草の研究者になっていたとしたら、すごく視野の狭い雑草オタクになっていたことだろう。

この本は、若い読者の方を想定して書いたものである。

若い皆さんにとって、人生は長い。

未来のことは誰にもわからない。だから、雑草は選択肢を絞ることなく、たくさんのオプションを用意して未来を待ち受けている。昨日今日のことでくよくよする必要はない。来るべき未来に備える心構えが必要なのだ。

そして、まっすぐな道などない。色々なことが起こるのが人生だ。しかし、それも人生の愉しみである。道ばたの雑草を見てほしい。まっすぐに育っている雑草など一本もない。雑草の生涯にだってさまざまなドラマがあるのだ。

そして、私たち大人が振り返ると、人生は短い。

私の祖母は「少年老い易く学成り難し」と口癖のように言っていた。まだ若かった私は、この言葉は実感がわかなかったが、今はこの言葉を痛感している。

私もまた、若い読者の皆さんに、最後の言葉として、同じ言葉を贈ることにしたい。

[参考文献]

浅井元朗、芝池博幸、種生物学会編『農業と雑草の生態学――侵入植物から遺伝子組換え作物まで』文一総合出版、二〇〇七年
浅井康宏『緑の侵入者たち――帰化植物のはなし』朝日選書、一九九三年
伊藤一幸『雑草の逆襲――除草剤のもとで生き抜く雑草の話（日本雑草学会ブックレット）』全国農村教育協会、二〇〇三年
伊藤操子『雑草学総論』養賢堂、一九九三年
岩瀬徹『雑草のくらしから自然を見る――生物教師のフィールド・ノート』文一総合出版、二〇〇〇年
岩瀬徹、飯島和子『新版　形とくらしの雑草図鑑――見分ける、身近な３００種（野外観察ハンドブック）』全国農村教育協会、二〇一六年
岩瀬徹、飯島和子、川名興『新・雑草博士入門』全国農村教育協会、二〇一五年
岩瀬徹、中村俊彦、川名興『新 校庭の雑草（野外観察ハンドブック）』全国農村教育協会、一九九八年

植木邦和、松中昭一『雑草防除大要』養賢堂、一九七二年
小川潔『日本のタンポポとセイヨウタンポポ』どうぶつ社　二〇〇一年
長田武正、富士堯『帰化植物――雑草の文化史』保育社、一九七七年
甲斐信枝『ざっそう』福音館書店、一九七六年
河野昭一編『植物の生活史と進化1　雑草の個体群統計学』培風館、一九八四年
菊沢喜八郎『植物の繁殖生態学』蒼樹書房、一九九五年
草川俊『野草の歳時記』読売新聞社、一九八七年
草薙得一、近内誠登、芝山秀次郎『雑草管理ハンドブック』朝倉書店、一九九四年
草野双人『雑草にも名前がある』文春新書、二〇〇四年
清水矩宏、広田伸七、森田弘彦『日本帰化植物写真図鑑――Plant invader ６００種』全国農村教育協会、二〇〇一年
多田多恵子『花の声――町の草木が語る知恵』山と溪谷社、二〇〇〇年
田中修『雑草のはなし――見つけ方、たのしみ方』中公新書、二〇〇七年
田中肇『花と昆虫、不思議なだましあい発見記』講談社、二〇〇一年
田中肇『花の顔――実を結ぶための知恵』山と溪谷社、二〇〇〇年

中筋房夫『総合的害虫管理学』養賢堂、一九九七年
中西弘樹『種子《たね》はひろがる——種子散布の生態学』平凡社、一九九四年
日本雑草学会編『ちょっと知りたい雑草学』日本雑草学会、二〇一一年
根本正之『雑草たちの陣取り合戦——身近な自然のしくみをときあかす』小峰書店、二〇〇四年
根本正之『日本らしい自然と多様性——身近な環境から考える（岩波ジュニア新書）』岩波書店、二〇一〇年
根本正之、冨永達『身近な雑草の生物学』朝倉書店、二〇一四年
根本正之、冨永達、森田弘彦、村岡裕由、高柳繁『雑草生態学』朝倉書店、二〇〇六年
広田伸七『ミニ雑草図鑑——雑草の見分けかた』全国農村教育協会、一九九六年
松中昭一『きらわれものの草の話——雑草と人間（岩波ジュニア新書）』岩波書店、一九九九年
森茂弥、城川四郎、勝山輝男、高橋秀男『スミレもタンポポもなぜこんなにたくましいのか——人に踏まれて強くなる雑草学入門』ＰＨＰ研究所、一九九三年
山口裕文編『雑草の自然史——たくましさの生態学』北海道大学出版会、一九九七年

鷲谷いづみ、矢原徹一『保全生態学入門——遺伝子から景観まで』文一総合出版、一九九六年

デービッド・アッテンボロー著　門田裕一監訳『植物の私生活』山と溪谷社、一九九八年

J・H・ファーブル著　日高敏隆、林瑞枝訳『ファーブル植物記』平凡社、一九八四年

フリードリッヒ・G・バルト著　渋谷達明監訳『昆虫と花——共生と共進化』八坂書房、一九九七年

Baker, H.G.1974. "The evolution of weeds." *Ann. Rev. Ecol. Syst.* 5: 1-24

Grime, J. P. 1977. "Evidence for the existence of three primary strategies in plants and its relevance to ecological and evolutionary theory." *The American Naturalist* 111: 1169–1194.

Grime, J. P. 1979. *Plant Strategies and Vegetation Processes*. John Wiley & Sons.

Radosevich, Steven R. & Holt, Jodie S. 1984. *Weed Ecology: Implications for vegetatron management*. wiley

Altieri, Miguel A. & Liebman, Matt Liebman. 1988. *Weed management in Agroecosystems: Ecological approaches*. CRC Press

ちくまプリマー新書

252
植物はなぜ動かないのか
――弱くて強い植物のはなし
稲垣栄洋
自然界は弱肉強食の厳しい社会だが、弱そうに見えるたくさんの動植物たちが、優れた戦略を駆使して自然を謳歌している。植物たちの豊かな生き方に楽しく学ぼう。

193
はじめての植物学
――植物たちの生き残り戦略
大場秀章
身の回りにある植物の基本構造と営みを観察してみよう。大地に根を張って暮らさねばならないことゆえの、巧みな植物の「改造」を知り、植物とは何かを考える。

155
生態系は誰のため？
花里孝幸
湖の水質浄化で魚が減るのはなぜ？　湖沼のプランクトンを観察してきた著者が、生態系・生物多様性についての現代人の偏った常識を覆す。生態系の「真実」！

138
野生動物への2つの視点
――〝虫の目〟と〝鳥の目〟
高槻成紀
南正人
野生動物の絶滅を防ぐには、観察する「虫の目」と、生物界のバランスを考える「鳥の目」が必要だ。〝かわいそう＝保護する〟から一歩ふみこんで考えてみませんか？

163
いのちと環境
――人類は生き残れるか
柳澤桂子
生命にとって環境とは何か。地球に人類が存在する意味、果たすべき役割とは何か――。『いのちと放射能』の著者が生命四〇億年の流れから環境の本当の意味を探る。

ちくまプリマー新書

228
科学は未来をひらく
——〈中学生からの大学講義〉3
村上陽一郎
中村桂子
佐藤勝彦
宇宙はいつ始まったのか？　生き物はどうして生きているのか？　科学は長い間、多くの疑問に挑み続けている。第一線で活躍する著者たちが広くて深い世界に誘う。

289
ニッポンの肉食
——マタギから食肉処理施設まで
田中康弘
実は豊かな日本の肉食文化。その歴史から、畜産肉の生産と流通の仕組み、国内で獲れる獣肉の特徴、食肉処理場や狩猟現場のルポまで写真多数でわかりやすく紹介。

029
環境問題のウソ
池田清彦
地球温暖化、ダイオキシン、外来種……。マスコミが大騒ぎする環境問題を冷静にさぐってみると、ウソやデタラメが隠れている。科学的見地からその構造を暴く。

178
環境負債
——次世代にこれ以上ツケを回さないために
井田徹治
今の大人は次世代に環境破壊のツケを回している。雪だるま式に増える負債の全容とそれに対する取り組みがこの一冊でざっくりわかり、今後何をすべきか見えてくる。

011
世にも美しい数学入門
藤原正彦
小川洋子
数学者は、「数学は、ただ圧倒的に美しいものです」とはっきり言い切る。作家は、想像力に裏打ちされた鋭い質問によって、美しさの核心に迫っていく。

ちくまプリマー新書

038 おはようからおやすみまでの科学　佐倉統　古田ゆかり

毎日の「便利」な生活は科学技術があってこそ。料理も洗濯も、ゲームも電話も、視点を変えると楽しい発見がたくさん。幸せに暮らすための科学との付き合い方とは？

115 キュートな数学名作問題集　小島寛之

数学嫌い脱出の第一歩は良問との出会いから。「注目すべきツボ」に届く力を身につければ、ものごとの本質を見抜く力に応用できる。めくるめく数学の世界へ、いざ！

120 文系？ 理系？——人生を豊かにするヒント　志村史夫

「自分は文系（理系）人間」と決めつけてはもったいない。素直に自然を見ればこんなに感動的な現象に満ちている。「文理（芸）融合」精神で本当に豊かな人生を。

157 つまずき克服！ 数学学習法　高橋一雄

数学が苦手なすべての人へ。算数から中学数学、高校数学へと階段を登る際、どこで、なぜつまずいたのかを自己チェック。今後どう数学と向き合えばよいかがわかる。

176 きのこの話　新井文彦

小さくて可愛くて不思議な森の住人。立ち枯れの木、倒木、落ち葉、生木にも地面からもにょきにょき。「きのこ目」になって森へ出かけよう！ カラー写真多数。

ちくまプリマー新書

012 人類と建築の歴史　藤森照信

母なる大地と父なる太陽への祈りが建築を誕生させた。人類が建築を生み出し、現代建築にまで変化させていく過程を、ダイナミックに追跡する画期的な建築史。

044 おいしさを科学する　伏木亨

料理の基本にはダシがある。私たちがその味わいを欲してやまないのはなぜか？　その理由を生理的、文化的知見から分析することで、おいしさそのものの秘密に迫る。

054 われわれはどこへ行くのか？　松井孝典

われわれとは何か？　文明とは、環境とは、生命とは？　世界の始まりから人類の運命まで、これ一冊でわかる！　壮大なスケールの、地球学的人間論。

101 地学のツボ　――地球と宇宙の不思議をさぐる　鎌田浩毅

地震、火山など災害から身を守るには？　地球や宇宙の起源に迫る「私たちとは何か」。実用的、本質的な問いを一挙に学ぶ。理解のツボが一目でわかる図版資料満載。

166 フジモリ式建築入門　藤森照信

建築物はどこにでもある身近なものだが、改めて「建築とは何か？」と考えてみるとこれがムズカシイ。ヨーロッパと日本の建築史をひもときながらその本質に迫る本。

ちくまプリマー新書

175
系外惑星
――宇宙と生命のナゾを解く
井田茂
銀河系で唯一のはずの生命の星・地球が、宇宙にあふれているとはどういうこと？　理論物理学によって、太陽系外惑星の存在に迫る、エキサイティングな研究最前線。

177
なぜ男は女より多く産まれるのか
――絶滅回避の進化論
吉村仁
すべては「生き残り」のため。競争に勝つ強い者ではなく、環境変動に対応できた者のみ絶滅を避けられるのだ。素数ゼミの謎を解き明かした著者が贈る、新しい進化論。

183
生きづらさはどこから来るか
――進化心理学で考える
石川幹人
現代の私たちの中に残る、狩猟採集時代の心。環境に適応しようとして齟齬をきたす時「生きづらさ」となって表れる。進化心理学で解く「生きづらさ」の秘密。

187
はじまりの数学
野﨑昭弘
なぜ数学を学ばなければいけないのか。その経緯を人類史から問い直し、現代数学の三つの武器を明らかにして、その使い方をやさしく楽しく伝授する。壮大な入門書。

195
宇宙はこう考えられている
――ビッグバンからヒッグス粒子まで
青野由利
ヒッグス粒子の発見が何をもたらすかを皮切りに、宇宙論、天文学、素粒子物理学が私たちの知らない宇宙の真理にどのようにせまってきているかを分り易く解説する。

ちくまプリマー新書

ちくまプリマー新書

279
建築という対話
――僕はこうして家をつくる
光嶋裕介
家という空間を生み出す建築家は人や土地、風景との対話が重要だ。建築家になるために大切なことは何か？ 生命力のある建築のために必要な哲学とは？

003
死んだらどうなるの？
玄侑宗久
「あの世」はどういうところか。「魂」は本当にあるのだろうか。宗教的な観点をはじめ、科学的な見方も踏まえて、死とは何かをまっすぐに語りかけてくる一冊。

043
「ゆっくり」でいいんだよ
辻信一
知ってる？ ナマケモノが笑顔のワケ。食べ物を本当においしく食べる方法。デコボコ地面が子どもを元気にするヒミツ。「楽しい」のヒント満載のスローライフ入門。

246
弱虫でいいんだよ
辻信一
「弱い」よりも「強い」方がいいのだろうか？ 今の社会の価値基準が絶対ではないことを心に留めて、「弱さ」について考える。

090
食べるって何？
――食育の原点
原田信男
ヒトは生命をつなぐために「食」を獲得してきた。それは文化を生み、社会を発展させ、人間らしい生き方を創る根本となった。人間性の原点である食について考え直す。

ちくまプリマー新書

227
考える方法
――〈中学生からの大学講義〉2
永井均
池内了
管啓次郎
世の中には、言葉で表現できないことや答えのない問題がたくさんある。簡単に結論に飛びつかないために、考える達人が物事を解きほぐすことの豊かさを伝える。

276
はじめての哲学的思考
苫野一徳
哲学は物事の本質を見極める、力強い思考法を生み出してきた。誰もが納得できる考えに到達するためのその思考法のエッセンスを、初学者にも理解できるよう伝える。

287
なぜと問うのはなぜだろう
吉田夏彦
ある／ないとはどういうことか？　人は死んだらどこへ行くのか――永遠の問いに自分の答えをみつけるための、哲学的思考法への誘い。伝説の名著、待望の復刊！

238
おとなになるってどんなこと？
吉本ばなな
勉強しなくちゃダメ？　普通って？　生きることに意味はあるの？　死ぬとどうなるの？　人生について、生まれてきた目的について吉本ばななさんからのメッセージ。

266
みんなの道徳解体新書
パオロ・マッツァリーノ
道徳って何なのか、誰のために必要なのか、副読本を読んでみたら……。つっこみどころ満載の抱腹絶倒の話、意味不明な話、偏った話満載だった!?

ちくまプリマー新書

284
13歳からの「学問のすすめ」
福澤諭吉
齋藤孝訳／解説

近代国家とはどのようなもので、国民はどうあるべきか。今なお我々に強く語りかける、150年近く前に書かれたベストセラーの言葉をよりわかりやすく伝える。

048
ブッダ
——大人になる道
アルボムッレ・スマナサーラ

ブッダが唱えた原始仏教の言葉は、合理的でとってもクール。日常生活に役立つアドバイスが、たくさん詰まっています。今日から実践して、充実した毎日を生きよう。

077
ブッダの幸福論
アルボムッレ・スマナサーラ

私たちの生き方は正しいのだろうか？　ブッダが唱えた「九項目」を通じて、すべての人間が、自分の能力を活かしながら、幸せに生きることができる道を提案する。

283
「いじめ」や「差別」をなくすためにできること
香山リカ

いじめはどのように始まるのか？　なぜいじめや差別はいけないのか。見たら、受けたらどうするか。心に深い傷を残すこれらの行為への対処法を精神科医が伝授する。

285
人生を豊かにする学び方
汐見稔幸

社会が急速に変化している今、学校で言われた通りに勉強するだけでは個人の「学び」は育ちません。本当の「学び」とは何か。自分の未来を自由にするための一冊。

chikuma primer shinsho

ちくまプリマー新書291

雑草《ざっそう》はなぜそこに生《は》えているのか

二〇一八年一月十日　初版第一刷発行

著者　稲垣栄洋（いながき・ひでひろ）

装幀　クラフト・エヴィング商會

発行者　山野浩一

発行所　株式会社筑摩書房
東京都台東区蔵前二‐五‐三　〒一一一‐八七五五
振替〇〇一六〇‐八‐四一二三

印刷・製本　中央精版印刷株式会社

ISBN978-4-480-68995-5 C0245 Printed in Japan